中・近世ドイツ鉱山業と新大陸銀

瀬原義生 著
Sehara Yoshio

文理閣

池田良則「廃坑」（2000年第32回日展出品）
メキシコ・グァナファト市郊外、銀鉱山跡

ゴスラール銅山

フライベルク銀山

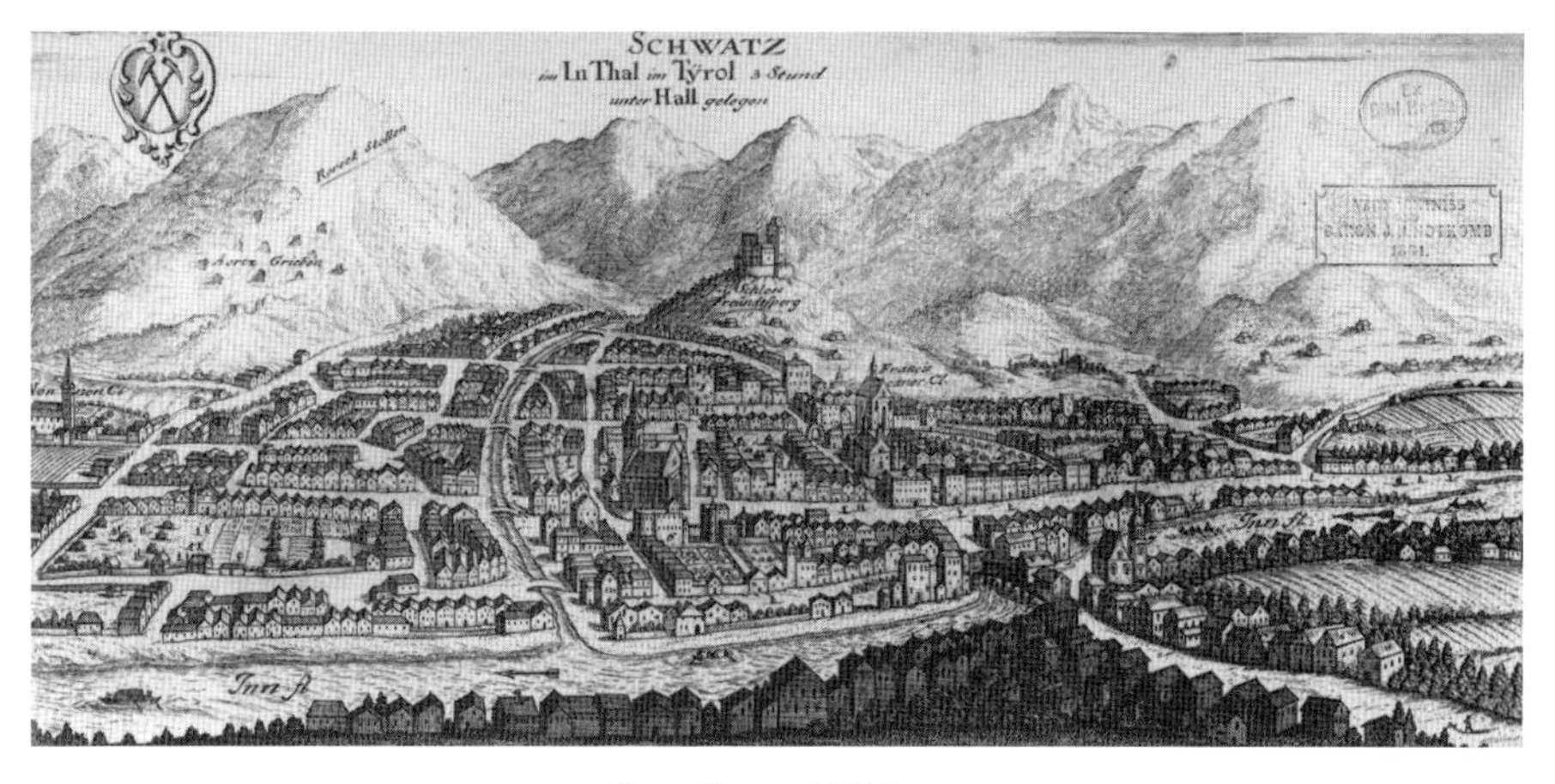

シェヴァーツ銀山

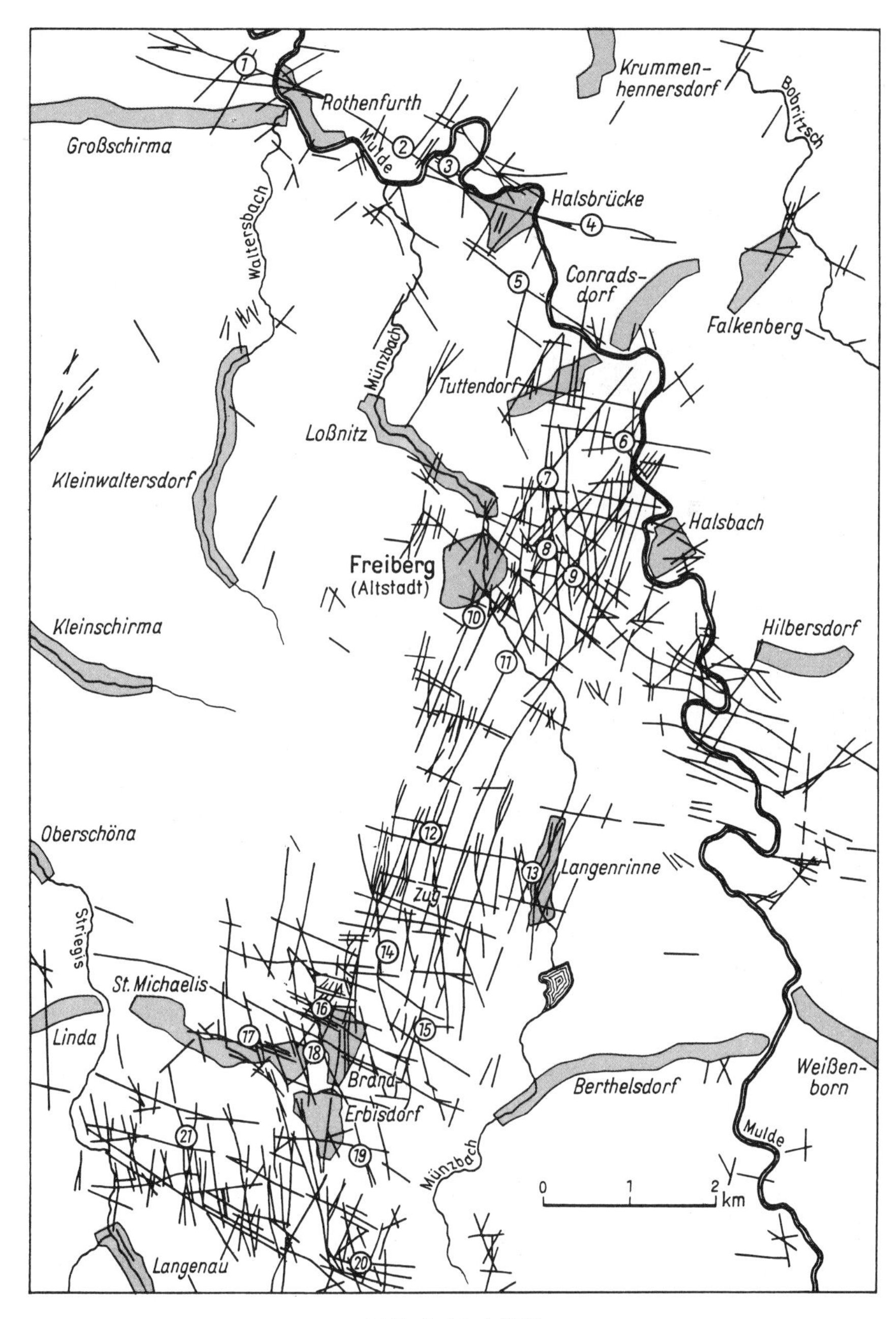
Krummen-
hennersdorf
Bobritzsch
Rothenfurth
Großschirma
Mulde
Halsbrücke
Waltersbach
Conrads-
dorf
Falkenberg
Münzbach
Tuttendorf
Loßnitz
Kleinwaltersdorf
Halsbach
Freiberg
(Altstadt)
Kleinschirma
Hilbersdorf
Oberschöna
Langenrinne
Zug
Striegis
St. Michaelis
Linda
Brand-
Erbisdorf
Berthelsdorf
Weißen-
born
Mulde
Münzbach
0
1
2
km
Langenau
1
2
3
4
5
6
7
8
9
10
11
12
13
14
15
16
17
18
19
20
21

フライベルク鉱脈

フライベルクのドーム入口彫像、堂内のエウロギウス（坑夫守護聖人）像、いずれも銀箔でおおわれている（筆者撮影）

アグリコラ（鉱山学者）

フライベルク出土の銀の華

中・近世ドイツ鉱山業と新大陸銀　目次

中・近世ドイツ鉱山業と新大陸銀

中・近世ドイツ鉱山業と新大陸銀

序

一五二五年五月一三日、神聖ローマ皇帝カール五世は、スペインのトレドにおいて、勅令を発したが、それは、一五二一年以来ドイツ帝国議会において論議されていた、いわゆる独占問題論争に終止符を打とうとしたものであった。すなわち、アウクスブルクの豪商フッガー家をはじめとする少数の商人の手に鉱産物の取引が集中しているのは、物価騰貴の原因である独占にあたるのではないか、という非難に対して、フッガー家らを擁護しようとしたものにほかならない。その中で、勅令の一節は次のように述べている。

「鉱山は、全キリスト教国のなかで、とりわけ神聖ローマ帝国ドイツに全能なる神が与えられた大きな贈り物であり、金、銀、錫、水銀、鉛、鉄その他の年々の産額は、二〇〇万グルデンにも上っていて、老若男女一〇万もの労働者が、採鉱や冶金の仕事に従事しているのである[1]」

実際、一五・六世紀、ドイツの鉱山業は全盛期にあり、ハプスブルクの世界政策の経済的基盤はここにあり、またいわゆる「フッガー家の時代」が現出したのも、これを基礎にしてであった。本論はそうした鉱山の実態をできるだけ明らかにし、一六世紀ドイツ貴金属生産の世界史的意義に迫ろうというものである。

(1) J. Strieder, Studien. Anhnag. S.375. なお、帝国議会での独占問題をめぐる紛争の詳しい経過については、Thomas A. Brady, Jr., Turning Swiss. Cities and Empire 1450–1550, Cambridge 1985, pp.119–150. をみよ。また、一六世紀ドイツ鉱山の問題に関する精緻な研究、諸田実『ドイツ初期資本主義経済』(有斐閣、一九六七年)第一章「フッガー家の時代」を参照せよ。

第一章　中・近世ドイツ鉱山業の概観

第一節　鉄鉱山と鉄産業

まず、われわれの日常生活に密着した鉄からはじめよう。

鉄生産の全体像

ある史家の推定によれば、中・近世ヨーロッパ各地の鉄の年間生産量は表1の如くであったという。[*]

＊ F. M. Ress, Unternehmungen, Unternehmer und Arbeiter im Eisenerzbau und in der Eisenhütung der Oberpfalz von 1300 bis um 1630, Schmoller's Jahrbuch, 74. Jg./1954, S.50.

ポワティエ

このうちフランスでは、ポワティエの鉱山が古くて有名である。ポワティエでは九世紀にメル Melle 鉱山で銀が採掘されているが、鉄も出てきていたに違いない。六世紀半ばから交易関係にあったアイルランドへ、ワイン、食用油、鉄が輸出されているからである。一一世紀に入ると、ポワティエの「大通り」の鍛冶屋で鍛えられた武器類はフランスを越えて名声を博した[(1)]。銀の多量の産出も続いており、ポワティエが中世を通じて重要な都市であり続けたのは、一つにはこうした理由によるものであろう。

表1　中・近世ヨーロッパ鉄年間生産量（単位：t.＝トン）

ドイツ	東アルプス地方	10,000t.	
	オーバーファルツ	10,000t.	
	ナッサウ地方	3,000t.	
	リエージュ地方	2,000t.	
	その他の地域	5,000t.	計30,000t.
フランス			10,000t.
スウェーデン			5,000t.
イングランド			5,000t.
その他のヨーロッパ			10,000t.
			総計60,000t.

リエージュ地方の鉄生産

リエージュ地方というのは、ムーズ河中流域を指すが、この地域は多様な鉱産物に恵まれていた。ナミュール＝ディナン間の東側のコンドロスCondroz地域、同西側アントレ・サンブル・エ・ムーズEntre Sambre-et-Meuse地域は鉄を産し、たとえば、フォドセVodecéeでは、三〇ヘクタールにわたって散在する溶鉱炉、納屋の跡が発見されており、モルヴィユMorvilleでも溶鉱のための納屋が見つかっている。その周辺では、ローマ時代の溶鉱の鉄滓が多量に見出され、中世には「サラセン人の石灰岩crayats de Sarrasines」と称されたが、それが一九世紀後半に入って集められ、精錬され、その量は二五年間に一〇〇万トンにたっしたという。ローマ時代、ここの鉄から製造された農機具、釘、馬具、あるいは鉄塊は、ラインや北方の地方に輸出された。ライン駐屯軍の武器はこれを材料として作られたとおもわれる。ディナン市の南アンテAnthéeでは、青銅や真鍮の留め金、七宝や錫メッキのブローチなどが作られている。(2)

近時の考古学的調査によれば、ムーズ中流域の金属加工業は、五、六世紀に入っても継続したようである。ナミュール周辺で作られた初期フランクの長剣は、ローマ期のそれをモデルにしており、青銅・真鍮製品も同様である。そして、五世紀に使用されたものを分光分析器で調べた結果、材料はローマ時代のものを溶解して再使用していることが判明している。そのほかガラス製造、金細工、刀剣装飾業も続いており、それらは周辺の列状墳墓Rei-hengräberからも発掘されるだけでなく、たとえば、ある青銅製の留め金具つきベルト締めのような、東はハンブルク、西はカーンCaen、南はボーデン湖にまで広く流布して、おそらく商業の対象となったであろうものもみら

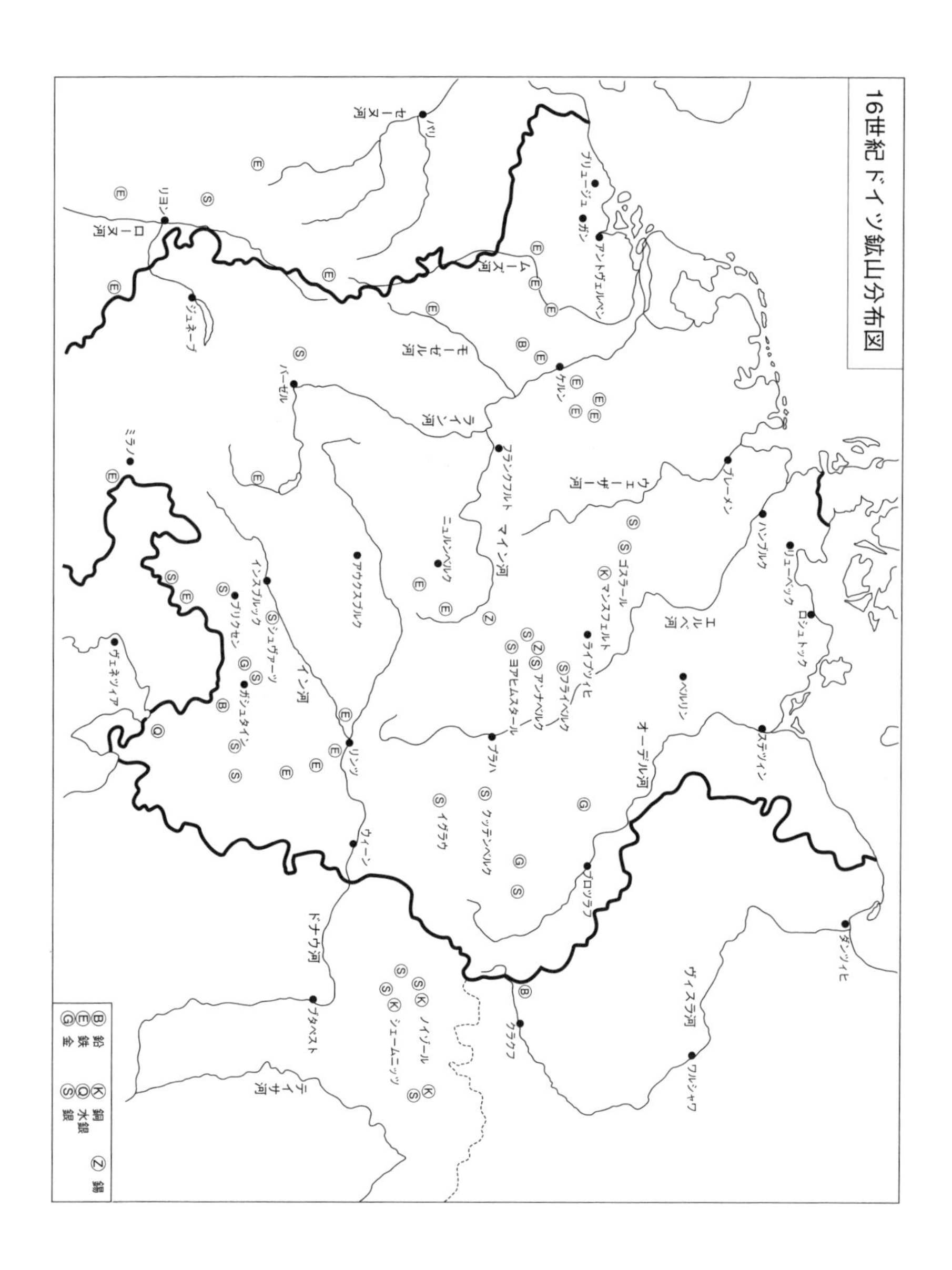
16世紀ドイツ鉱山分布図
パリ
セーヌ河
ブリュージュ
ガン
アントヴェルペン
リヨン
ローヌ河
ムーズ河
ジュネーブ
モーゼル河
ケルン
バーゼル
ライン河
ミラノ
フランクフルト
ブレーメン
ヴェーザー河
ハンブルク
リューベック
ロシュトック
ニュルンベルク
マイン河
アウクスブルク
インスブルック
ゴスラール
マンスフェルト
ライプツィヒ
エルベ河
シュヴァーツ
ブリクセン
ヴェネツィア
ガシュタイン
イン河
ベルリン
フライベルク
アンナベルク
ヨアヒムスタール
プラハ
リンツ
オーデル河
ステッティン
クッテンベルク
イグラウ
ウィーン
ブロツラフ
ダンツィヒ
ドナウ河
ヴィスラ河
クラクフ
ブダペスト
ノイゾール
シェームニッツ
ワルシャワ
ティサ河
B 鉛
E 鉄
G 金
K 銅
Q 水銀
S 銀
Z 錫

れる。(3)

七世紀にカロリング家が台頭してくる背景には、鉄産地を家領としていたことがあるのではないかと推測されるが、このムーズの家領をモデルとして出されたカール大帝の荘園令 Capitulare de Villis には、荘司に対し毎年クリスマスに彼の管轄下にある鉄と鉛の鉱物量を正確に報告するようにという条項がある（第六二条）。* この鉄と鉛こそはムーズの特産物にほかならない。

九八三年ヴィゼ Visé（リエージュの北）に対する歳市開設特許状にも、家畜、衣服のほかに、鉄、金属製品が売られている。(4)

* 瀬原『ヨーロッパ中世都市の起源』二〇二頁注（29）。なお民族移動直後に、ドイツ各地で武器鍛造のための鉄溶鉱炉が設けられた。チューリンゲンで六カ所、ビューラブルク Büraburg、フリッツラール Fritzlar、ブルクハイム Burgheim（シュヴァーベン）、ロマンムーティエ（ヌーシャテル湖畔）に製鉄の跡が残っている。H. Roth, Handel und Gewerbe vom bis 8. Jh. östlich des Rhein. VSWG, 1970, Bd. 56, S.327.

オーバーファルツの鉄生産

ドイツの領域での主要な鉄山は、オーバーファルツのアムベルク Amberg とシュタイヤーマルクのユーデンブルク Judenburg、それに南ティロルのトリエント周辺であった。そのうちよく知られ、かつ産出量が他を圧倒していたのはアムベルク、その北のズルツバッハのそれであった。その産出量は莫大であり、上掲の数字が示すように、ヨーロッパ鉄生産の六分の一を占めていたのであり、最盛期には、それをはるかに凌いでいたようである。すなわち、ズルツバッハだけで、一四〇六年二万トンを産し、一五四三年には五万四〇〇〇～六万二〇〇〇トンに達したという。(5)

アムベルク鉄山の発見はカール大帝の治世七八七年に溯るといわれるが、鉱山としてはっきり史料に現れてくるのは一二七〇年のことである。この年、はじめて鉄圧延用の水力ハンマーの記事が土地領主の土地台帳に記載されている。しかし、一〇一〇年〈Schmidmühle〉という集落名が出てき、それを姓とするアムベルク市民がいるところをみると、鉱山の開発はもっと早くから始まっていたとおもわれる。[6] 鉱山を経営していたのは地元の土地領主で、彼らは、荘園管理人のようにミニステリアールを使って鉱山を管理し、農奴の賦役労働によって採鉱をおこなっていた。のちにミニステリアールは独立して、坑口の所有者となり、また採鉱に従事していた農奴も自立して同所有者となった。このほか、のちに見る銀山の場合と同様、自由試掘権を行使して鉱山に入り込み、試掘に成功して、坑口所有者となった者もあった。旧一部の土地領主やミニステリアールのように、数カ所の坑口を所有する者は例外として、多くの坑口所有者はみずから採鉱・溶鉱に従事する小規模営業者であった。

これらの鉱山採掘者は採鉱夫組合 Gewerkschaft を結成し、他方では市民となり、アムベルクは一一六三年都市と称されるにいたっているのである。[7]

はじめ一三四一年アムベルク、ズルツバッハ両都市の協定で、市民は非市民と溶鉱事業で協力関係を結んではならない、非市民は圧延用ハンマーを設けてはならない、とあったが、しかし、時の経過のなかで実効性を失い、一四五五年のアムベルク市の規定で、鉱山採掘は同市民に限るとあるように、[8] 採掘はなお地元民に限られていたにせよ、溶鉱・冶金にはその規定がなく、名目的な市民権を得た他都市の企業家たちの乗り入れに対しては大目に見られた節がある。銀であれば、生産物はすべて最終的には領邦君主の財務府に納付され、貨幣として鋳造されるが、鉄は棒鉄、薄板鉄板にされた段階で現地で販売されねばならない。そのためには、他都市が入り込んでくるのは、むしろ歓迎すべきことであったのである。

アムベルクと最初に交流をもった都市はレーゲンスブルクであった。アムベルクを貫流し、レーゲンスブルクでドナウ河に流入するフィルス Vils 河が、早くから船による鉄の運搬を可能にしていたからである。人的交流はすでに一二世紀に始まっていたとおもわれるが、史料的に確認できるのは一三世紀からである。たとえば一二世紀末ロシアとの交易からルッザーレ Ruzarre, Ruzzer と称されたレーゲンスブルク市民家柄出身のコンラート・デア・

ルゼ Conrad der Ruze が、一三一一年アムベルク市民となっており、同家は一三八七年五基の圧延用ハンマーを所有している。一二五〇年レーゲンスブルク市参事会員であったローマー Romer（Römer）家は、一三三〇年アウアー一揆 Aueraufstand に加担して、レーゲンスブルクを追われ、アムベルク市民となり、イタリアとの商業を営んでいる。レーゲンスブルクのシュルトハイス（執政）職家門として有名なツァント Zant 家は、鉄商業で裕福になった。アムベルクとレーゲンスブルク両地に定着したターンドルファー Turndorfer 家は、オーバーファルツのターンドルフ出身で、鉄商業に従事し、同家出身のレオ・ターンドルファーは一二七五年、レーゲンスブルク司教となり、司教座ドームの建設者として知られている。さらに一三四〇年、レーゲンスブルクでもっとも裕福といわれた一四家のうち、マックワルト Marquard 家は、レーゲンスブルク大橋管理人になったのちも、その印章に「鉄商い Eisenmanger」と刻むのを忘れなかった、などである。[*]

＊ Ress, S.84f.: K. Bosl, Die Sozialstruktur der mittelalterlichen Residenz-und Fernhandelsstadt Regensburg, Abh. d. Bayer. Akad. d. Wiss, Phil. Kl., N. F.63, 1966, S.82f. 一三三〇年のレーゲンスブルクのアウアー一揆というのは、ツンフトを巻き込んだ都市門閥間の抗争であったが、旧体制派がツンフトに譲歩し、一揆側の敗北におわった。くわしくは、拙著『ドイツ中世都市の歴史的展開』一七七頁以下を参照。

ニュルンベルクの鉄産業への進出

レーゲンスブルクに続いて、ニュルンベルク市民が登場してくる。エプナー Ebner、シュトローマー Stromer、トイフェル Teufel、ザックス Sachs、グロス Gross 家などがそれであるが、[9]ここではシュトローマー家に触れておこう。同家の先祖は一三世紀初頭、シュヴァーバッハ Schwabach のカンマーシュタイン Kammerstein 城に居住する騎士ゲルハルト・フォン・レイヘンバッハ Gerhard von Reichenbach に発するといわれるが、その子供コンラートがニュルンベルクに移住し、王有林の管理人を勤めていたヴァルトシュトローマー Waldstromer 家の女と結婚し、略してシュトローマーの姓を名乗った。彼は三度の結婚で三三人の子供をもうけたが、その孫の一人にハインリヒ・シュトローマーがおり、その子供が『わが家系と冒険の書 püchel von mein geslecht und abentewr』を書いたウルマン・シュトローマー（一三三二―一四〇七）である。*

* Chronik. d. deut. Städte, Bd.1（Nürnberg 1）. S.60ff. 富裕市民のウルマン・シュトローマーは、イタリアで学んで、一三九〇年、ニュルンベルク市壁からレークニッツ河を東に出た上流に、ドイツ最初の製紙用水車 Hardermühle を設置した。一四一四年、コンスタンツ公会議準備のためこの地を訪れていた皇帝ジギスムントは、その施設と同類のものを購入してハンガリーに持ち帰り、シュトローマーの息子に運転技師を世話してくれるように依頼している。Chronik, 1.（Ng.1）. S.77f.; Pfeiffer, S.92; W. Baum, Kaiser Sigismund, 1993, S.97.

ウルマンは多方面の商業やドイツではじめて製紙用水車を設置したことで有名であるが、おそらくその従兄弟にあたるオットー・シュトローマー、ウールリヒ・シュトローマーは、一四〇〇年鉄圧延用ハンマーの所有者であった。後者は一三八〇年ズルツバッハの参事会員を勤めている。ウルマンの子孫であるハンス・シュトローマーは、一四六一年アムベルク市長を勤めているが、地元の採鉱企業と紛争を起こし、一四六二年領邦君主であるファルツ選帝侯政府の所在地ハイデルベルクへ出掛け、弁明しなければならなかった。彼の息子ハンス・シュトローマーはアムベルクに留まり事業を続けているが、そのさい、ハンマー経営親方二人にそれぞれ七八万二五九グルデンの金を貸している。そのほかにも数名のアムベルク市民に貸し付けをしており、シュトローマー家はアムベルク採鉱企業家を問屋制的に支配していたのではないかとおもわれる。(10)

逆にアムベルク側からニュルンベルク市民になった者も少なくなく、たとえば一三世紀ニュルンベルク市民となったノイマルクト Neumarkt 家がその代表で、一二九五年コンラート・フォン・ノイマルクトはカタリーナ女子修道院を建立し、寄進している。(11) この家から、ニュルンベルク門閥市民のムッフェル Muffel、ヴァイゲル Weigel、メンデル Mendel 家が枝分かれしたといわれる。ズルツバッハ近傍のファルツ Valz 村出身のヘルデーゲン・ファルツナー Heldegen Valzner は、一三九六年以来、ニュルンベルクの帝国造幣所の管理者となっているが、自分のことを圧延用ハンマーの「主ぬし Fabrikiherr」と呼んでいた。彼の祖父リュディガー・ファルツナーも鉄の大商人で、一三五〇年マイン河で鉄を満載した彼の船が借金の抵当に押収されるという事件が起こっている。マイン河が鉄の運搬に利用されていた証拠で興味深い(12)。

また、当時まだ帝国領であったエーガー Eger 市からも、アムベルクに進出した者がおり、たとえばシュリック Schlick、フランケングリュナー Frankengrüner、ヘッケル Hekkel、クロッパー Klopfer 家などがそうであるが、のちにヨアヒムスターラー銀山の開発に中心的にたずさわったシュリック伯の一族に属していた。やや後世になるが、一六五〇年ロータウ Rothau で圧延用ハンマー三基を経営していたフッチェンロイター Hutschenreuter 家は、錫引き鉄板（ブリキ）の製造も営んでいたが、一八一四年有名なフッチェンロイター陶磁器の生産を開始した。じつはこの家はアムベルク出身で、一六世紀初頭ゲオルク・フッチェンロイターがアムベルク市長を勤めている。そのほかにも、オーバーファルツ出身の企業家でヨアヒムスターールで働いている家族がいくつか発見されているのである(13)。

ニュルンベルクの鉄加工業

ニュルンベルク市民は、製鉄それ自体よりも、鉄の加工による鉄製品の製造に大きな活躍分野を見出した。その点レーゲンスブルクよりもまさっていたのは、市内に小規模水車の設置に適したペーグニッツ、レークニッツという水流をもっていたのと、錫を比較的近傍で入手できたことであった。錫はニュルンベルク北東八〇キロのエルベンドルフ Erbendorf、その北に広がるフィヒテル山地 Fichtelgebirge で産出したのである*。そういう利点を生かして、ニュルンベルクは武具、鉄砲から、農具、諸道具、刃物、鉄線、縫い針、飲食器具など日用用具にいたる製品、半製品を製造したのである。その実情は手工業者ツンフトにおける分業状況と親方数から見て取ることができる。

* Ammann, wirtschaftliche Stellung, S.49. 年代は定かではないが、一三世紀にニュルンベルクはエルベンドルフと相互関税免

除協定を結んでいる。Ibid., S.18.

中世ニュルンベルクの手工業者親方数は、一三六三年の『親方帳 Meisterbuch』* によってはじめて知られる。それによると、ツンフト数は五〇業種、親方数は一一五〇余人を数える。その詳細を掲げれば、表2の如くである。

表2　中世ニュルンベルクのツンフトの種類と親方数

業種	親方数	業種	親方数
1．仕立屋	76	26. 刃物業者	73
2．マント仕立屋	30	27. 鐘鍛冶匠	8
3．胸甲作り師	12	28. 錫容器鋳物師	14
4．鉄製篭手作り師	21	29. 袋物匠	22
5．鉄鎖頭巾作り師	[4]	30. 手袋匠	12
6．ピン・鉄線鍛冶師	22	31. 袋小物師	12
7．刀剣鍛冶師	33	32. パン屋	75
8．桶屋	34	33. 刀剣磨き師	7
9．車大工	20	34. 革なめし匠	57
10. 家具匠	10	35. ガラス吹き匠	11
11. ブリキ容器加工業者	15	36. 左官	6
12. 鉄兜鋳物師	6	37. 粗毛織物匠	28
13. 錠前師	24	38. 帽子屋	20
14. 手綱・拍車作り師	19	39. 毛織物けば立匠	10
15. 鉄製たが作り師	12	40. 鞍作り師	17
16. 釘作り師	6	41. 魚屋	20
17. 錠前取り付け師	17	42. 縄作り師	10
18. 武具鍛冶匠	9	43. 石工	9
19. 蹄鉄鍛冶匠	22	44. 建具師	16
20. 鍋鍛冶匠	5	45. 陶工	11
21. 鋳掛け屋	8	46. 鏡板・数珠作り師	23
22. 靴屋	81	47. 革漂白師	35
23. 靴修理師	37	48. 毛皮加工業者	60
24. 金細工師	16	49. 肉屋	71
25. 両替商	17	50. 染屋・毛織物匠	34

＊ Quellen Wirtschafts-und Sozialgeschichte, G. Möncke, Nr.63. 佐久間弘展『ドイツ手工業・同職組合の研究』二六頁。Pfeiffer, Nürnberg, S.99; Ammann, S.45ff. なお、ニュルンベルク経済の全盛期である一六二一年には、手工業者親方は一〇〇業種、三五〇〇人に達したといわれる。Ammann, S.46.

このリストによると、パン屋、肉屋、仕立屋、靴屋が各七〇～一〇〇人の親方をもっているのは当然として、つづいて金属加工業関係の親方数が二〇業種、三五〇人、全体の三分の一を占めているのが目を引く。他都市のそれに比べて抜群に多いのである。バーゼル、シュトラスブルクをみると、鍛冶屋ツンフトがあるにすぎない[14]。一六世紀初頭のアウクスブルクをみると、さすがにここは金属加工業者は三四一人を数え、多いようにみえるが、全親方数二五〇〇余人の中で占める割合は八分の一であり、しかも金属加工といっても、金細工師が多いのである。なおアウクスブルクの場合、抜群に多いのは織物業者で一四五一人で、バルヘント織物の生産量は四一万反を数え、同市の特徴を示している[15]。そこで、以下、ニュルンベルクの金物業についてやや詳しく見ていく。

ニュルンベルクの金物業といっても、表からもわかるように、多くの業種に分かれていた。業者三五〇人のうち、刃物鍛冶工が七〇人でトップを占め、つづいて武具匠六〇人、鏡板職二三人、ブリキ容器加工業者一五人、錫容器鋳造師一四人と数え、以下およそ三〇業種に分かれている。縫針、針金、はさみ、錠前、スプーン、じょうご、コップ、コンパス、鎖、大鎌、農具類など多種多様である。針金師の場合、職人二人、徒弟六人を、蹄鉄師の場合には、職人一人、徒弟二人を抱えていたといわれるから、全体として金物業に直接たずさわる人口は、一〇〇〇人をはるかに上廻るものであったにちがいない＊。一四世紀に入ったところで、金物業者のなかには問屋制的営業をする者さえ現れており、市参事会はこれを禁止しなければならなかった。すなわち、市の第三の『規約書』（ca.1320/3–1360）第一八四条に「五マイル以内に居住するコップ鋳物師はなんぴとも（仕事を）下請けに出してはならない……swer kainen peckesmit in funf meilen verlegt……」とあり、違反の罰金は三〇ポンドときわめて高額であった＊＊。

＊ Pfeiffer, S.99：Ammann, S.51f. 瀬原『中世都市の歴史的展開』五〇三頁以下。

＊＊ Quellen Ng., S.187.：Lentze, S.235. 親方の工房規模を規制したギルド規制はずっと維持されたようである。しかし、一六世紀に入ると、その規制をかいくぐって、複数の工房を所有することによって大型問屋制的経営を営む者が現れている。具体例については、佐久間、前掲書、一八八頁以下をみよ。

一三四八年に起こったニュルンベルクのツンフト闘争の牽引役を担ったのも、じつにこの金物業者であった。とくにその中心となったのは、「ガイスバルト党 Geisbärte」と呼ばれた鍛冶屋グループであったが、その核となった人物はルーデル・ガイスバルト Rudel Geisbart といった。彼はツンフト臨時市政のときには、なんらの役職にも就いていないが、隠然たる実力者であったらしく、一三四九年一〇月復活した市参事会によって追放に処せられた不穏分子二三名の筆頭にあげられており、またのちにブルクグラーフはこの時期のことを「ガイスバルトの時代 Geisbartz gezeiten」と呼んでいるほどである。＊

＊ Chroniken, Bd.3, S.133, 136, 138, 321, 335 etc.：Lentze, S.234.

ニュルンベルクの金物、全欧に輸出される

このようにして生産されたニュルンベルクの金物は、全ヨーロッパに、さらにはそれを越えたところへと輸出されたのであった。とくに刃物が好調で、たとえば、ハンザの盟主リューベック市の雑貨商規約（一三五三年）に、取り扱い商品としてニュルンベルクの刃物があげられており、一三九二年フランクフルトの大市ではニュルンベルク商人がケルン市に刃物六千丁を引き渡している。＊

こうした記録は、一五世紀に入ると頻繁となる。南ドイツの大市のネルトリンゲンでは、一四六八年、そこで設けられている八軒の金物店のうち、五軒はニュルンベルクのそれであり、そこで働いているブリキ職人一二人のうち、九人がニュルンベルク職人であった。[16] いま一つの例、バーゼルのそれをあげよう。バーゼルは一四一八年、一

〇七グルデンで「白色ブリキ strutz」一樽をニュルンベルクで購入し、一四三三年（アルマニャック戦争時）に七五四グルデンで小銃を、射撃指導員付きで購入し、ブルゴーニュ戦争の起こった一四七三年、一四七五年には、鉤付き鉄砲、短銃、砲身の長い蛇砲 Schlangen を六六六ポンドで購入している。まるで兵器廠の観があるが、戦時でない一四三四年には釘三万一〇〇〇本が購入されている。[17] 武器といえば、一五五二年、シュマルカルデン戦争を前にした皇帝カール五世がフランクフルト大市でニュルンベルク産の小銃一万五〇〇〇丁を入手しているのが、この種の例の最高峰といえるであろう。[18]

＊ Ammann, S.51. なお、一六世紀（一五五七年）のことであるが、ニュルンベルクの刃物鍛冶工は一二二人おり、週につき、九万、ないし一〇万丁の刃物を生産していたといわれる。Ammann, S.51.: Pfeiffer, Nürnberg, S.186.

「アムベルク錫引き鉄板商事会社」

一六世紀に入ると、アムベルクの領主であるファルツ選帝侯フリードリヒは、同地の鉄がニュルンベルクの商人、手工業者によってほとんど独占的に取得・加工されているのを見て、その奪回を企て、一五三三年「アムベルク錫引き鉄板商事会社」設立を提唱したのであった。みずからは一〇〇〇グルデンを出資し、側近の家臣たちには五〇〇グルデン、アムベルク市参事会には一〇〇〇グルデンの、富裕市民にはそれぞれ五〇〇グルデンの出資を命じた。総額は二万五〇〇〇グルデンの資本金になるはずであった。それによって、ブリキ生産を大々的に起こそうというわけである。ニュルンベルクの大商人たちは猛反対であった。第一、錫をどこで入手するのか。大商人たちは錫箔加工の職人を引き揚げさせようとさえした。ともかく、経緯は不明であるが、会社は細々ながら営業し、一六一四年解散のときには、資本金は出資の半分に減っていたのである。[19]

南ティロル、シュタイヤーマルクの鉄山

その他の地域の鉄山としては、南ティロルの鉄山が著名である。その起源は一一世紀初頭にさかのぼる。すなわち、一〇一〇年トレンス Trens、一一二〇年ピンスヴァング Pinswang、一一六二年フィランダース Villanders、一一七七年フルジール Fursil（いずれもブリクセン周辺）で、鉄の採鉱がおこなわれており、また一二世紀に、トリエント周辺のフライムスタール Fleimstal、ズルツベルク Sulzberg、ファッサタール Fassatal でも、鉄の採鉱がみられた。一一八九年皇帝フリードリヒ一世がブリクセン司教座、トリエント司教座に、それぞれ鉱山開発特権を賦与しているのも、これを裏付けるものであろう。[20]

いまひとつ、近世に入っても活発な鉄採掘をおこなっている地域として、シュタイヤーマルクがある。すなわち、インナーベルク Innerberg（現エイゼンエルツ Eisenerz）、フォルデルンベルク Vordernberg（いずれもレオーベン市北方）で豊富な鉄を産し、一四六〇―一五三〇年間に、その生産額は四倍に増加し、年額八〇〇〇トン余にたっし、フォルデルンベルクはその半分強であったが、両者合わせてアムベルクを凌ぐにいたっているのである。[21] しかし、シュタイヤーマルクの場合、ニュルンベルクのような多様な加工業者と販売商人を見つけることができなかった故に、採鉱維持のための資金提供と鉱産物販売を担当する、いわば前貸し問屋を必要とした。そして、これら問屋の組織である「レオーベン会社」が、一四一五年ころ設立された。この会社は一五八一年「シュタイヤー鉄共同商事会社」へと改組された。これまで問屋の閉鎖性に反感を抱いていた貴族、および市民全体の投資が可能となり、シュタイヤーマルクの鉄山は息を吹き返したのであった。[22]

第二節　銅、その他の卑金属

ムーズ中流域の卑金属

鉄以外の卑金属についての古い記録は、やはりムーズ河中流域が目立つ。同流域には、銅は欠けており、ドイツから輸入しなければならなかったが、鉛、亜鉛（とくに菱亜鉛鉱 Galmei）には恵まれており、銅と混合加熱して、ローマ時代（紀元一世紀）から、良質の真鍮を生産していた。(23) 一一世紀になると、史料はこのことを明確に語る。一〇五〇年頃のコブレンツ Koblenz のライン関税表によると、フイ、ディナン、ナミュールおよびムーズ河流域から来た者は、船一隻につき真鍮製鍋一ケ、真鍮製盤一ケ、ブドウ酒二デナリ分を関税として納付する、と規定されている。* ディナン Dinant 市に関するナミュール伯の権利を列挙した「伯権利証書」（一〇四七／六四年）には、「青銅、銅、錫、鉛、そのほかあらゆる金属で、売るためにポンド秤にかけるとき徴収されるポンド税も伯のもので、一〇〇ポンドにつき四ポンド納付すべし」** とある。真鍮は鉱石ではないので、ここには記載されていないが、あらゆる卑金属が地元で産出していたか、銅は輸入されていたことが判明する。

*　Elencus Fontium Historiae Urbanae, I, Nr.39.

**　EFHU, I, Nr.9.

銅のほか、錫が輸入されたが、これはイングランド特産であり、一〇世紀末ロンドンにフイ、リエージュ、ニヴェーユ商人が現れているのは、おそらくそれと関連していたとおもわれる。錫は青銅を作るには不可欠であるが、ムーズ中流地域では、この青銅鋳物業が高度に発達したようで、その面影は今日、リエージュの聖バルトロメウス教会に残されている鋳物師レニエ Renier、ゴデフロイト Godefroid（二人ともフイ出身）の傑作「洗礼盤」に見ることができる。さらにリエージュ、フイ、ディナン商人によって、錫はケルンへ再輸出された。教会の鐘の製造地であるケルンにとって、青銅の材料である錫は不可欠であったからである。[24]

ゴスラールの銀・銅

すでに述べたように、ムーズ中流域は銅を欠いており、輸入しなければならなかったが、その銅産地は中部ドイツ、ゴスラール Goslar が傑出した存在であった。ゴスラールは、カロリング期には、南に隣接して鉱夫の小集落ベルクドルフ Bergdorf があったにせよ、それ自体としてはただ国王の狩猟館があるにすぎない集落であった。九六五／六八年、その南のランメルスベルク Rammelsberg で豊富な銀山が発見されると、事態は一変する。王宮所在地はヴェルラ Werla（ゴスラールの北一〇キロ）からゴスラールに移され、国王ハインリヒ二世により、狩猟館のところに壮麗な王宮が建てられた。[25]

鉱山そのものの規定は一三一〇年六月二三日のそれが最初であるが、ゴスラール市が急速に発達したことは、他都市の史料からうかがわれる。たとえば、一〇四一年のクェドリンブルク市への市場開設特許状に、ゴスラールの市場が、マクデブルクのそれと並んで、模範とされているし、一〇七四年、ウォルムス商人に対して交付されたハインリヒ四世の特許状に、関税免除の土地としてゴスラールがあげられており、一一三一年の史料によると、現在の市参事会会館の北側で開かれていたと推定される市場には、靴だけでなく、肉、パン、雑貨を売る「販売店舗 domiuncula mercemonialis」が並んでいたといわれる。その南側に建てられた商人教会 ecclesia forensisis の、史料初見は一一三三年のことである。[26]

このような急速な都市の発展は、鉱山の繁栄なくしてはありえなかったであろう。

ハインリヒ獅子公による銀・銅山の破壊

しかし、この繁栄は長続きしなかった。一一七〇年代末、皇帝フリードリヒ一世とザクセン大公ハインリヒ獅子公のあいだに、政権を賭けた闘争が起こったとき、獅子公は最後の手段として一一八〇年、ゴスラールの攻撃に出た。都市そのものを制圧することができなかったので、獅子公はランメルベルク鉱山を襲い、その溶鉱炉や精錬所を破壊した。[27] この破壊行為とその後の鉱坑への浸水などによって、銀山経営は衰微に向かったのである。「長い荒廃 lange czeit vorwustet」ののち、一五世紀を通じて、いくたびか排水と坑口の乾燥の試みがなされたのち、一四五三年親方クラウス・フォン・ゴータ Claus von Gotha を招いて、ようやく目的を達成した。銀採掘が再開され、一五〇〇年頃産出量一〇〇〇キログラム、価格にして八万四〇〇〇グルデンにまでに回復した。[*] ただし、一三世紀のスコラ学者アルベルトゥス・マグヌスによれば、ゴスラール銀はその品質においてフライベルクに劣っていた、といわれているのであるが[28]。

＊ Schmoller, G., Die Geschichtliche Entwicklung der Unternehnung, X. Die deutsche Bergverfassung von 1400–1600, Schmoller'a Jahrbuch, 15 (1891), S.7.

ゴスラールは長らく銀だけを産出するところと解されてきたが、一二世紀半ば、ザクセン年代記によって「銀、ならびに銅、鉛 argentum, cuplum et plumbum」を産するところと記され[29]、認識が新たにされる。鉱山は銀とともに、豊富な銅を産出していた。一〇五〇年、ゴスラールのドームの屋根葺き替えに六四〇ツェントナー（＝三二〇〇キログラム）という、少なからざる銅が用いられている[30]。また、すでに述べたように、同じ時期の「コブレンツ関税表」に、フイ、ディナン、ナミュールが真鍮の容器を関税として納付する、とあるが、ムーズ中流域に銅は出土せず、真鍮の材料である銅は、他地方、おそらくはドイツ、ゴスラールから輸入されたものであろう。そして、当時ドイツ商人がムーズ地方に来たという可能性はなく、ロンドンへ出掛けていったように、フイやディナンの商人がみずからゴスラールへ、あるいは、その中途にあたるドルトムントへ出向いていったとおもわれる。現に一二〇三年、ディナンの商人がゴスラールに赴いているのである。後になると、ケルン商人がゴスラールから持ち帰った銅をムーズ商人が購入した場合も考えられる。そして、引き換えにディナンの銅製品がケルンで売られているのである。[31] 一一二八年、バンベルク教会大聖堂の屋根葺きに用いられた銅板七〇〇ツェントナー（＝三五〇〇キログラム）はゴスラール産のものであった。[32]

ゴスラール銅山の全盛期

ゴスラールの銅生産は一三、一四世紀に全盛期を迎え、在フランドルのハンザ商人（ハンブルク、リューネブルク）に宛てた関税特許状、あるいは、フランドルの都市（ダム、ドルトレヒト、ブリュージュ）の関税表に、ゴスラール銅に関する規定が述べられている。[33] ランメルスベルク一帯には五〇カ所余の溶鉱炉があったとおもわれる。一三一四年、一三三三年、一三四五年、一三九六年とゴスラール商人が海賊によって船の積み荷を奪われているが、積み荷は銅であり、ハンブルク経由でフランドルへ向かっていたものであった。[34] しかし、一五世紀に入ると、ゴスラール銅はマンスフェルト銅によって凌がれることになる。一三六〇年、ゴスラール市参事会はアーネム Arnhem（オランダ）のアルント Arnd 親方と坑口からの排水・乾燥化の契約を結んでいるが、うまくゆかず、一四七八年には、ハンガリーの鉱業技術者ヨハン・トゥルツォ Johann Thurzo――のちのヤコプ・フッガーの親密な協力者――に依頼して、坑口からの完全排水、鉛を完全に分離して純銅を作るという契約を結んだ。これはある程度成功したようである。一六世紀初頭のゴスラール銅の産額は年二〇〇〇ツェントナー（一〇トン）程度であったと評価されている。[35]

ゴスラール鉱山のいま一つの産物は鉛である。鉛の用途は狭く、精々、教会の屋根葺きに用いられるくらいであったが、一四世紀半ばになって新しい用途を見出した。掘り出した銀鉱石に鉛を混入し、熱して、付着した不純物を分離し、純銀を作り出す作用が発見されたのである。おりから一四世紀半ば、ザクセンで新銀山の経営が開始されると、鉛への需要がにわかに高まり、ゴスラール鉛が輸出されることになった。その量は年額一万五〇〇〇～二万ツェントナー（七五～一〇〇トン）に達したといわれているのである。[36]

じつは銀に付着した不純物の大半は銅で、まず銀・銅鉱石に鉛を混入し、銀を分離し、次に銅と鉛を分離するという工法、これがいわゆるザイゲル Seuger 精錬法である。この工法は古くからおこなわれていたが、一五世紀半ば、ヨハネス・フンケ Johaness Funcke（後述）がその諸装置の精密化、大規模化を図った人物といわれる。銀の精錬は銅の分離・精錬をも意味していた。ゴスラールでは当初、銀を得ようという目的でこの工法が用いられたのである。しかし、これを執行しようとおもえば施設をはじめとして、多額の投資を必要とした。一ツェントナー（五〇キログラム）の粗銅を精錬して、得られる銀は一七～一八ロート Lot（一ロート＝一〇グラム）、当時の価格にして一一グルデンである。史家メーレンベルク W. Möllenberg によれば、七〇〇〇ツェントナーの粗銅を精錬しようとおもえば、溶鉱炉八、精錬炉一〇、精製炉 Garherd 三、吹分け炉 Treibherd 三などを必要とし、その費用は莫大のものを要した。一四七二年、建設されたある精錬施設は六〇〇〇グルデン、一五〇二年、アルンシュタット Arnstadt で設置されたものは三万一五〇〇グルデンかかったといわれる。[37]

だから容易には着手されなかった。これに最初に着手したのは、当時としてもっとも資本力をもったニュルンベルクであって、マンスフェルト銅の精錬をも兼ねて、一四六一年、チューリンゲンのシュロイジンゲン Schleusingen のそれが最初であり、次いで一四六四年、シュタイナハ Steinach で設立されている。[38]

マンスフェルト銅山

一二世紀末にゴスラール銀・銅山の衰微が始まると、鉱夫たちは新しい仕事場の開拓に迫られた。そして、その東方に採鉱の踏査を試みた結果、新しい鉱山を発見した。それがマンスフェルト銅山であり、ザクセンの諸銀山であった。ここではまず前者の方から考察しよう。

マンスフェルト銅山の起源は、大体一二世紀前後とおもわれる――一説によると、この土地の領主マンスフェルト伯が一二一五年、皇帝フリードリヒ二世から鉱山規制書 Bergregal を承認・授封（その封書は失われた）されたころに溯るといわれる*――が、一四世紀半ば、新しい銅鉱山アイスレーベン Eisleben（マンスフェルトの南五キロ）が付け加わり、マンスフェルトの生産は急速に上昇した。鉱石の採掘、排水や通風のための立坑の掘削、鉱石の搬出などの作業を手配し、初期のころには、自分たちの溶鉱炉で精錬も営んでいたのは、溶鉱親方（フュッテンマイスター Hüttenmeister）と呼ばれる親方衆で、彼らはそのために直接、採鉱にあたる採鉱夫 Dinghauer や徒弟をやとっていた。ヒュッテンマイスターは組を組んで、溶鉱炉を運営したが、そうした溶鉱炉には、その所有者でありマンスフェルト伯から世襲で借り受けたエルプフォイアー Erbfeuer と期限付きで借り受けたヘレンフォイアー Herrenfeuer とがあったが、溶鉱炉の利用と引き換えに、生産された粗銅の十分の一が支払われた。[39]

＊　谷澤毅「近世初頭中部ドイツにおける精銅取引と商業都市」三一九頁。

表3　16世紀末マンスフェルト銅山の労働者数と粗銅年生産量

年代	人数	年生産量（ツェントナー Zentner）
1589	1,789	14,676.58
1590	1,770	14,885.96
1591	1,874	13,683.31
1592	1,891	14,899.50
1593	1,860	13,177.36
1594	1,634	13,812.108

マンスフェルト銅山の全盛期

マンスフェルトの最盛期は一五二〇／三〇年代で、坑道数は六六余、そこで働く労働者数は二〇〇〇～三〇〇〇人、生産額は粗銅二万四〇〇〇ツェントナー（一二〇〇トン）にたっした。[40] それをピークとして、次第に衰え、一六世紀末の状態は表3の数字[41]が示す通りである。

一七世紀初頭には、生産額九〇〇〇～七〇〇〇ツェントナーに衰退し、一六二〇年代には四〇〇〇ツェントナー弱へ、一六二一年にはついに、一六二九

ツェントナーに落ち込んでいるのである。(42)

このマンスフェルト銅山の場合にも、鉛を混入して銀・銅を分離するザイゲル精錬法の適用を免れることはできなかった。ヒュッテンマイスターは、はじめニュルンベルクの、次いでライプツィヒ、フランクフルト・アム・マインの商人から融資を受けながら、採鉱・精錬を営んでいたが、ときにその高利のために危機に陥ることがあった。マルティン・ルターのハンスがそれで、マルティンの兄弟ヤコプ・ルターも同様に苦しめられた。* そして、これら小企業家では大量の銅鉱石を捌ききれなかったのか、一五世紀末になると、大規模な精錬所が設立されることになる。

＊ Paterna, S.59. 高利の一例。一五三三年、六基の精錬炉をもつマルブローダー Markbroder 兄弟とクリストッフェル・スピース Ch. Spies が「アルンシュタット Arnstadt 溶鉱・ザイゲル精錬社」から、七〇〇〇グルデンを期間一〇年で借り受けたが、その利子は四万グルデンと契約され、結局、破産した。Paterna, S.60.

ザイゲル法による大規模精錬所の設立

すでに述べたように、ゴスラール銅の精錬も兼ねて、一四六二年グレーフェンタール Gräfenthal、一四六三年シュタイナハ Steinach、一四七九年アイスフェルト Eisfeld で設立されているが、アイスフェルトのそれはニュルンベルク商人 Hans Starck、マチアス・ランダウアーが出資したものである。一五〇二年七人のニュルンベルガーが三万一五〇〇グルデンを出資して設立した。(43) 設置の場所はマンスフェルトの南およそ一〇〇キロ、エルフルトの南のチューリンゲンの森の中に設けられた——この遠距離の輸送が大変であったろう——。燃料になる多量の木材が得られたからである。(44) 設立者ははじめニュルンベルク商人が中心であったが、のちにはライプツィヒ商人が競争者として立ち現れ、ときに共同出資者となっている。

「ロイテンベルク銅精錬社」

一五二四年には、総仕上げかのように、マンスフェルト伯アルブレヒト自身が主要な出資者に名を連ねている「ロイテンベルク銅精錬社 Gesellschafr der Hütte unter Leutenberg」が設立されているのである（表4）。*ウェルザーはニュルンベルクの豪商であり、ハインツ・シャールはライプツィヒの商人で、両者がそれぞれの都市を代表する格好で出資しているのである。やがてウェルザーは手を引き、ライプツィヒの独壇場となった。

＊　谷澤、前掲論文、三三二頁以下。

表4　ロイテンベルク会社の出資者と出資額（単位：グルデン）

出資者	1524年	1526年	1527年	1532年
マンスフェルト伯	20,000	20,000	24,000	29,000
Friedrich von Tunad	7,500	9,750	11,700	6,750
Veit von Draxdorf	7,500	9,750	11,700	11,700
Jacob Welser	13,000	19,900	23,880	23,880
Heinz Scherl	10,000	13,000	19,200	19,200
Ewald Knauss	6,000	7,800	9,600	9,600
Georg Pfaler	6,000	7,800	8,300	12,480
Christoph Meinhard			7,000	7,000
Gotthard König				1,100

スウェーデン、ファルン銅山

なお、一言、ファルン Falun 銅山について触れておく。ゴスラールから離散した鉱夫の一部は、リューベック商人の誘導でスウェーデンのファルン（ストックホルム北西二〇〇キロ）へ赴き、一二三〇年頃からそこの銅山の開発・技術指導にあたった。その銅産出量は莫大で、一五世紀末からリューベック商人によってアントヴェルペンに運ばれ、そこへ送られてくるハンガリー銅と競争したほどであった。(45)

以上でドイツの銅山についての概観を終わるが、ゴスラール、マンスフェルトを合わせたドイツの銅生産は一五二五年、最盛期にたっし、粗銅を年額四〇〇〇トンを生産したのである。(46)

第三節　塩　鉱

塩鉱についても見ておこう。
天日製塩*のかなわないドイツ人にとっては、岩塩は生活にとって不可欠の物資であった。塩の出土地としては、リューネブルクLüneburg、チューリンゲンのハレHalle、シュヴェービッシュ・ハルSchwäbisch-Hall、南バイエルンのライヘンハルReichenhall、ティロルのハルHallが著名である。

* 中世北欧において唯一、天日製塩をおこなっていたのはフリージア海岸部であった。イングランドも塩輸入国であったが、一六七〇年、ノースウィッチNorthwichで岩塩鉱が開発され、塩の海外依存から解放された。その他、ヨーロッパ全体の製塩事業を概観した論考として、H. Walter, Die Salzproduktion im Hanseraum（in: Hansische Studien, 1961）, S.62, 60.usw. を参照せよ。

リューネブルクの塩

リューネブルクは古名をHluni, Luniburcといい、九五一年に城塞が築かれ、その東麓に商人、手工業者が住みつき、その中心に九五六年、聖ミカエル修道院が建てられた。城主は一一世紀末まで、ザクセン随一の地位を誇ったビッルング家Billungerで、彼らはビッルング大公と称されていた。[47] 彼らの地位高揚に寄与した要因に塩の産出があったことはまちがいない。

この都市の塩坑の記録は、すでに九五六年、〈teloneum ad Luniburc...ex salinis〉とあり、その位置は当初から現在の塩坑、つまり城郭区域の南東麓で、市外の南東外側にあたり、守護聖人として聖ランベルト教会が建てられていた。塩釜で塩水を煮詰める営業は、塩坑から北方へ、バルドヴィークに向かう道路沿いに行なわれ、今日、Salzstrasse, Neue Sülzeという道路名で残っている。[48]

塩鉱の所有権者は、いうまでもなく大公であるが、時とともに製塩権は教会領主、貴族、富裕市民に贈与されたり、売却され、この蒸留権領主Sülzprälatenのもとで代価を払って製塩がおこなわれた。一三世紀中頃、新たな塩坑が発見されると、これは大公の自営とされ、税収として銀八〇〇マルクが納められた。地下から汲み出した塩水、あるいは、塩が濃厚に付着した鉱石、あるいは堅く結晶した岩塩鉱石を砕いて、それらを水に溶かし、塩釜で煮詰めて塩を得る作業をおこなう経営主を蒸留親方Sülfmeisterと呼ぶが、彼らは釜をおく土地と釜の所有者であり、具体的労働は賃金労働者に委ねられた。リューネブルクの場合、五四戸設けられ、各一戸につき四個の鉛製の釜がおかれた。[*] リューネブルク塩の生産量は、一二〇五年四八万六〇〇〇ツェントナー、一三五〇年五九万六〇〇〇ツェントナーにたっしたといわれる。[**] その大部分はリューベックへ送られた。

＊　高村『ドイツ中世都市』（一条書店、一九五九年）一八八頁以下。

＊＊　高村、前掲書、一九二頁。Walter, S.65. ハレ市での産出量は、一五〇〇年一八万四三二〇ツェントナーであったが、その後増加し、一七世紀初頭には年平均三八万八八〇〇ツェントナーを得るにいたっている。Ibid.

というのも、一一六〇年代に建設された都市リューベックは、一二二七年ボルンヘーフェトの戦いでデンマークを破り、一三世紀半ば、北ドイツの都市を結集してハンザ同盟を形成しつつあったが、この間に彼らは、スカンディナヴィア半島の南端で、当時デンマーク領であったスカーニア地域に進出し、そこのニシン漁業に関与するようになった。そのさい彼らはリューネブルクの塩を携えていき、中心地ファルステルボでのニシン塩漬け加工業に独占的威力を発揮した。[49] 当時、スカーニアのニシンの量は莫大なものがあり、ニシンの群れで船の運行を止め、手ですくいあげることができたという。塩漬けニシンは樽詰めにされて、毎年、一〇万樽以上が全ヨーロッパに送り出されたが、一三六八年には、一二万樽にもたっし、[50] リューベック発展の一大原動力となったのであった。

シュヴェービッシュ・ハルの塩

シュヴェービッシュ・ハルは、本来はフランケン地方に属する都市であるが、シュタウフェン朝支配下の都市として、ヴュルツブルク司教の影響の及ぶのを嫌って、シュヴァーベンの地方名を冠したものである。時代は明らかでないが、早くから塩坑を中心として集落が生まれていたが、この都市名が一躍有名になったのは、皇帝フリードリヒ一世治世末期に造幣所が設置されてからであった。

塩坑の持ち分は一四世紀のころ、一一一株から成っていたが、一株＝一鍋所有権を意味していた。一五世紀末の鍋所有権者をみると、二六が教会・修道院、二二が貴族、二六が都市参事会、三六が精製業者に属していた。[51]リューネブルクの鍋数が大体二〇〇であるから、ハルの塩生産量はその半分といったところであったろう。株所有者は塩水汲み上げと蒸留鍋の塩精製の権利をもち、精製業者は団体を結成していた。この塩は、他の製塩都市のように、個別の塩商人によって売り捌かれることなく、一括して集荷され、団体により輸出・売却されていた。[52]そして、売却金から製造費用・利益金が製塩業者に配分されたが、そのさい、大量の小銭が必要とされたようである。これが、独自の低価値の銀貨が鋳られるにいたった事情である。

小銭「ヘラー貨」の鋳造

この銀貨は、銀含有分が少なく、その分、銅分が多く、一面に十字架が、他面に手（神の手か、国王の手か）が刻印されていた。この Haller Pfennige が、いわゆるヘラー Heller として広範に流通し、シュタウフェン朝はその造幣から大きな利益を得たとおもわれる。

なお、シュタウフェン朝期にはドイツの造幣所は爆発的に増加をみた。すなわち、一一四〇年二五カ所にすぎなかったものが、一一四〇―一一九七年間に二一五カ所に増えている。一一九七―一二七〇年間には、造幣所はさらに倍増し、四五六カ所となっているが、権者は一五二が教会、二七七が俗人領主、三七が国王所属であった。[53]俗人領主の圧倒的多さが目立つが、影響力のある造幣所としてはシュヴェービッシュ・ハルが抜群であったのである。

都市の統治者は、古くは近隣の大修道院コンブルクの所領を管理するミニステリアールなど、農村出身の都市貴族から成っていたが、上述のような塩釜所有状況からみて製塩業との関係が深く、都市生活の興隆から大きな富を得ていた。一三一九年コンブルク修道院が戦争によって荒廃し、四四〇〇リブラの負債に陥ったとき、六人の都市貴族、富裕市民が債務返済を引き受けている[54]。都市貴族たちは一二三〇年、盟約unioを結成し、一二三一年、近隣のデンケンドルフDenkendorf修道院に皇帝フリードリヒ二世が塩蒸留釜一ケを寄進したさい、彼らは「われら盟約の一致した協議にもとづいてcommunicato nostre unionis consilio」承認している[55]。この盟約がさらにすすんで、一三〇九年市参事会の成立となるのである。

ミュンヘン形成の原動力ライヘンハルの塩

ライヘンハル（ザルツブルクの西一五キロ）の塩鉱がいつごろから開発されたかは不明であるが、九〇四―九〇六年に出された「ラッフェルシュテッテン関税規則」（後述）にライヘンハルの塩に関する言及があるので、一〇世紀初頭には、すでに相当な産出をみていたことが判る。この塩が南ドイツ全域に送られ、消費されることになるが、その販売の大元（おおもと）として、ドイツに南都ミュンヘンを形成する原動力となったのである。

はじめ南バイエルンから北にすすむ道は、ミュンヘンを流れるイザール河を少し下ったフェーリンクFöhringと呼ばれる箇所で河を渡り、そこで関税が取られていた。その関税の所有者は、フライジング司教で、皇帝フリードリヒ一世の叔父にあたるオットーであった。しかるに、一一五八年、バイエルン大公の兼任を認められたザクセン大公ハインリヒ獅子公が、ミュンヘンに新たにイザール河をわたる橋をつくり、そこを通商路としたため、紛争が起こったのである。皇帝は同年六月、紛争調停案を出し、フェーリングの市場、関税徴収所、造幣所を破棄し、その代わりミュンヘンの市場取引税収入の三分の一を司教に渡す、という条件で紛争を一応解決したのであった。

その調停文書のなかに、次のような文句が入っている。「塩、その他、輸出入される大小の物品にかけられる関税、貢納から入る収入……de theloneo fori.....sive in tributo salis sive aliarum rerum magunarum vel minutarum seu venientium seu inde redeuntium......」というのである。ミュンヘンの起源を示唆する文書に、とくに「塩」が明記されているのは、いかにこの商品が重要、かつ大量のものであったかを物語るものであろう。*

＊　Geschichte der Stadt München, hrsg. von R. Bauer, 1992, S.23. ヨルダン『ザクセン大公ハインリヒ獅子公』一八〇頁以下。瀬原『中世都市の歴史的展開』七三〇頁以下。

ミュンヘンの都市領主には、獅子公が失脚したのち、一一八一年、バイエルン大公に任命されたヴィッテルスバッハ家がなったが、そのもとでミュンヘンの経済的上昇は着実にすすんでいた。一三四〇年頃、ヴィッテルスバッハ家がミュンヘンで得た総収入六四〇〇ポンドのうち、関税収入は五〇〇〇ポンドを占めたが、その大半は塩にかけられたものであろう。その証拠に、一三七〇年、ミュンヘンを通過した塩の量は、重さ二五キログラムの塩の円盤一〇万枚、車に積んで一六万八〇〇〇車にたっしたといわれているのである。塩の取引は一五世紀初頭まで、今日のマリーエンプラッツの週市でおこなわれ、一五世紀に西へ移動し、アルヌルフ通り（現在の鉄道駅北側）の東半分が塩取引市場となり、一九世紀まで〈Salzgasse〉と呼ばれた。塩市場が移動したあとのマリーエン広場は、高価な衣類、靴、生活物資の売られる普通の市場、市民の憩いの場となったのである。

ライヘンハル塩の東方への捌き口パッサウ

ライヘンハルの塩は、さらに東方へも送られていた。中世初期のドナウ河商業を物語る、九〇四—九〇六年に出された「ラッフェルシュテッテン関税規則 Raffelstettener Zollweistum」が、その証拠であるが、この関税規則は、ドナウ中流域、いわゆるオストマルクの住民たちが不当な関税を課せられていると訴えたのに対し、国王ルートヴィヒ児童王がオストマルク伯アリボ Aribo に命じて調査させ、実情を報告させたものである。
それによると、税関は西からロスドルフ、リンツ、イプス、マウテルンの四カ所にあり、運ばれてくる物資は、西からは塩、東方からは奴隷、蜜蝋が主なものである。西方からくる塩船は、一隻につき、ロスドルフで塩二分の一デナリ分、ほかの三カ所ではそれぞれ塩三シェッフェル分を納めなければならない。さらにモラヴィアにいく塩船については、マウテルンで関税一シリングを納めるが、帰路には無税である。陸路で運ばれた塩については、イプス近傍のウール Url で、車一台につき一シェッフェル納めなければならなかった。*

この規則は、まもなくマジャール人の侵入があって、適用されなくなったようである。治安回復後、貿易が再開されたとき、関税徴収所として現れたのが、ドナウ河とイン河の合流点パッサウ Passau である。一二五五年以降の貴重な記録が残されているが、一二五五年の一年間の関税収入は、下流に下る物資については四二〇ターラー、上流へのぼる物資については一六〇ターラーにのぼった。下流へ下る物資のうち最重要品は塩で、税額は三五〇ターラーであり、残りの七〇ターラーはフランドル産毛織物に対する課税である。塩に対する税率は、車一台につき一ペーニヒで、そこから史家テオドール・マイヤーは塩の通関量は六三〇〇トンという驚異的量にのぼったと推定している。その全部がオーストリア、ハンガリーにゆくのではなく、半ばはボヘミア、モラヴィアにゆくのである。塩の価格は一〇〇キログラムにつき一二〜一六デナリ（ペーニヒ）とすると、通関した塩の価格総額は六〇〇〇ポンドにたっしたと推定される。** パッサウ商人は、自分の町においては、塩を搬出しても関税が免除されるという有利な地位にあったので、この塩を携えて、ドナウを下り、あるいはボヘミアの商業へと赴いた。

＊　Keutgen, Urkunden, Nr.70 (S.41f.)
＊＊　Th. Mayer, Der auswärtige Handel des Herzogtums Österreich im Mittelalter, 109, S.11f. パッサウでの輸出入の詳細については、瀬原『中世都市の歴史的展開』一〇三頁以下を参照。

こうしてパッサウは、塩輸出を中心とした東西貿易の中枢として栄え、市民自治運動も起こったが、パッサウ司教の権力はあまりにも強く、自治を貫くことはできなかった。しかし、パッサウが東方に及ぼした文化史的影響は大きく、たとえば、九七五年、パッサウ司教ピルグリンはみずからハンガリーへ赴き、ハンガリー人五〇〇〇人に洗礼をほどこした。そのなかに、ある豪族の息子がおり、パッサウ司教座聖堂の聖人にちなんでシュテファンと命名された。これがのちのハンガリー初代国王シュテファン（イシュトバーン）であり、ウィーンの首座教会も、ハンガリーの旧首府であるエッツェルゴム（グラン）の教会もシュテファンの名を名乗っている。ピルグリンは文筆活動においても秀（ひい）で、ドイツ中世最高の叙事詩『ニーベルゲンの歌』の原本は、ピルミンの司教館で書かれたといわれる。ちなみに、同歌の第二一、二四、二六歌章に、唯一、ピルグリン（ピルグレン）が実名で登場しているのである。*

＊　瀬原『中世都市の歴史的展開』一〇九頁以下。

ティロルのハルの塩

ティロルのハルの塩坑が発見されたのは一二一七年のことである。その産出量は莫大で、一三〇〇年頃、当時の開発特権の所有者であるティロル伯の年収入総額銀一万一〇〇〇マルクのうち、塩生産から入る税収入は一〇〇〇マルクにのぼり、さらに一四世紀半ば、塩生産はその三倍、二万フーダー Fuder（車）――ライヘンハルの八分の一――に増加し、それから入る税収入は三〇〇〇マルク、伯の国家収入のほぼ三割にたっしている。(56)

第四節　ドイツ、ボヘミア、ハンガリーの銀山・銅山

シュヴァルツヴァルトの銀山

ドイツ最古の銀山は、前述したゴスラール（ラムメルスベルク）のそれであろうが、いま一つ、南西ドイツ、シュ

ヴァルツヴァルトにも銀山があった。森林地帯の南端、ブライスガウにSulzburg、Münsterthal（St. Trudpert 修道院領）、Schönau, Todtnau（St. Blasien 修道院領）など七カ所――いずれもフライブルク・イム・ブライスガウ市の南二〇キロ――にあり、一〇二八年、国王コンラート二世がバーゼル司教に賦与しているものである。国王は、土地領主を無視して、鉱山採掘権だけを寄進したつもりであったようである。しかし、土地所有権を主張する複数の領主のあいだで争いが起こった。ことにミュンスタータールについては、このあたりの豪族ツェーリンゲン家のミニステリアーレスであったシュタウフェン家が守護としての権利を主張して譲らなかった。困った土地領主ザンクト・トゥルートペルト修道院側――司教から同地を再下付されていた――は、一三世紀に入って、伯ルードルフ・フォン・ハプスブルク下付するところの文書（一二四三年）を始めとして、一五通の文書を偽造して、ハプスブルク家が同修道院の上級守護であると強説し、シュタウフェン家の単独所有を否定し、鉱山の利益に平等に関与することになった。

これらの鉱山がどれだけの規模で、いかほどの生産量をもっていたかは、わかっていないが、一四世紀半ば、トートナウに鉱石粉砕用の水車二二基、溶鉱炉一四基があったと記録にあり、相当な産出があったと推定される。一三七四年には水車八基、溶鉱炉は七基に減り、その後に鉱脈が尽きた模様である。*

＊　E. Gothein, Beiträge zur Geschichte drs Bergbaus im Schwarzwald, ZGORh. NF.2/1887, S.386f.; K. Schwarz, Untersuchungen zur Geschichte der deutschen Bergbau im späteren Mittelalter, S.47. ゴータインの研究は法制史研究に終始し、経済的側面はなんら考慮していない。なお、藤井博文「ドイツ中世前期における鉱工業と地域」（『立命館文学』五五八号、一九九九年）四四頁以下は、ザルツブルクにおける非常に古い時期から採掘があったとする考古学的調査結果を伝えている。

フライベルク銀山[57]

中世ドイツ銀山では、まずザクセンのフライベルクFreibergをあげねばならない。フライベルクは一一六八年に鉱脈が発見されたといわれる。当時ここを支配していたマイセン辺境伯オットー・フォン・ヴェッティンは、そ

表5　フライベルク第一次衰退期前後の出鉱状況（単位：マルク）

年	出鉱量
1442年（1年半）	2,197M.
1444年（1年半）	1,090M.
1445年（1年）	972M.
1446年（1年分）	1,052M.
1447年（半年分）	253M.
1448年（1年分）	756M.
1449－50年	記録なし
1451年（2年分）	411M.
1454年（3年分）	2,776M.
1456年（3年分）	1,521M.
1459年（1年分）	401M.
1460年（1年分）	150M.
1461年（1年分）	456M.
1462年（1年半分）	1,634M.
1463年（1年分）	1,080M.
1464年（1年分）	1,886M.
1465年（2年分）	1,356M.
1466年（2年分）	3,106M.
1467年（1年半分）	2,927M.
1468年（2年分）	1,635M.

れを知らされると、一一六九／七〇年、一一六二年に寄進したアルトツェレ Altzelle 修道院から、ベルテルスドルフ、トゥッテンドルフ、クリスティアンスドルフの八〇〇フーフェを取り戻した。「同修道院の領域内において、銀の鉱脈が発見された quia in terminis monasterii venae argentariae repertae sunt」という、理由からである。[58] そして、採鉱を奨励したが、たちまち露出鉱脈を掘りつくし、竪坑採鉱がうまく進まず、一三五〇年頃には衰退が始まり、一四世紀前半期の鉱業法の制定にもかかわらず、衰微は食い止められなかった。たとえば、一三六三年、「鉱山の荒廃と衰弱の故に」鉱山経営にかかわる貢租が減免されており、一四四四年にも同様な嘆きの声が聞かれ、一四世紀半ば国営造幣所に引き渡された銀鉱石が一万（重量）マルク——以下、マルクは、原則として重量マルク（1 Mark = 233,856 Gramm）を意味する——であったのに対し、一四五三年のそれは、五〇〇マルクに過ぎなかった。溶鉱炉もまたそれに応じて、五二カ所から二カ所に減ったといわれる。第一次衰退期前後の出鉱状況をみると、表5の如くである。*

＊ R. Dieterich, Untersuchungen zum Frühkapitalismus im mitteldeutschen Erzbergbau und Metallhandel, Jahrbuch für die Geschichte Mittel-und Ostdeutschland, 8, 1959, S.60f. 同所に並べられている複雑な数字を、筆者なりに簡略化して掲げた。

このような歴然たる衰退のあとを承けて、回復は一五〇〇年頃に始まり、それとともに、フライベルクからドレスデンにかけて、およそ二八の大小鉱山都市が発生している。一五二四年から一七世紀半ばまでの、フライベルクの銀産出量は表6*のように着実に上昇をとげ、ザクセン銀山中の花形となったのである。

＊ Dietrich, S.77.

一七世紀後半やや衰えるが、一八世紀には再び上昇し、採掘に値する坑口は一三〇～一五〇を数え、銀の出鉱量は年平均二万八〇〇〇～三万マルクに達しているのである。[59]

シュネーベルク、アンナベルク、マリーエンベルク各銀山

シュネーベルクについては、その周辺部で、すでに一三一六年頃から採鉱されていた証拠があるが、シュネーベルク自体で経営が開始されたのは、一四五三年のことであった。[60] 採鉱の記録は一四八五年から残っており、それを提示すれば表7の如くである。*

これによれば、一五世紀末の出鉱年平均額は七～八〇〇〇マルクであった。しかし、一六世紀に入ると上昇し、

表6　1520年代からのフライベルク銀産出増加度（単位：マルク）

年度	年平均産出量
1524-　30	6,905 M.
31-　40	11,068 M.
41-　50	18,970 M.
51-　60	25,467 M.
61-　70	23,760 M.
71-　80	26,643 M.
81-　90	21,616 M.
91-1600	23,433 M.
1601-　10	19,784 M.
11-　20	15,245 M.
21-　30	12,993 M.
31-　40	11,263 M.
41-　50	10,099 M.

表7　15世紀末シュネーベルク採鉱量（M.＝重量マルク）

年代	採鉱量
1485. 8-11.	3,216 M.
1485. 11-1486. 2.	2,985 M.
1486. 2-5.	3,430 M.
1486. 5-8.	3,025 M.
1486. 8-1486. 11	3,242 M.
1486. 11-1487. 4.	3,572 M.
1487. 4-9.	3,544 M.
1487. 9-1488. 4.	4,844 M.
1488. 4-9.	5,093 M.
1488. 9-1489. 4.	3,628 M.
1489. 4-9.	3,605 M.
	40,189 M.

一五三五―三九年間には、一万四〇〇〇マルクにたっしている。[61] 一四九二年からアンナベルク銀山で出鉱が始まり、また一五二四年よりマリーエンベルクでも出鉱が始まっているので、表8に三者の出鉱量をまとめて表示することにした。

＊ Hoppe, S.156f.

アンナベルクの創業は一四四二年といわれる。[62] はじめアンナベルクは、一五世紀前半銅山として出発し、一四九六年都市が成立し、同じ時期アンネン大教会が建立されている。一五〇三年には新しい鉱業法が制定されており、鉱山経営の順調な進展がうかがわれる。

銀の採鉱が始まったのは一四九二年で、まもなく銀の豊富さが銅をしのぐにいたった。すなわち、一四六九―一四八九年間に年平均、銅四〇〇〇ツェントナー（二〇万キログラム）、そこから分離した銀三〇ツェントナー（一五〇〇キログラム）であったのに対し、一五三二―一六〇〇年の生産量は銅八八〇〇ツェントナー（四四万キログラム）に対して、銀は未精錬銀二五四六マルク（五九五キログラム）、純銀一万四四六五マルク（三三八五キログラム）であった。一五三六／七年の産額は、六万二二〇六マルクの最高額にたっした。＊ アンナベルクの近くの姉妹小都市ブフホルツ Buchholz でも銀が出土したが、アンナベルクの十分の一程度であった[63]（年代不祥、一二万六九〇〇マルクの銀を得た）。アンナベルクの場合、これに加えて鉄、錫が産出し、とくに錫は無視できない量を産出した。

＊ T. G. Werner, S.117 ; Laube, S.269 ; Nef, p.579. なお、文中のキログラム数は筆者の試算である。

またマリーエンベルクの創業は一五一九年といわれ、これに対してザクセン大公ゲオルクは、一五二一年九月一二日付けで最初の鉱業法を賦与しているが、その銀産出額は急速に増え、一時はフライベルク、シュネーベルク、アンナベルクをしのぎ、[64] 一五三八―四一年、労働者数は九〇〇～一六〇〇人、出鉱量は年平均五万マルクにたっし

表8　シュネーベルク、アンナベルク、マリーエンベルク、ブフホルツ銀出鉱量比較表（M. ＝重量マルク）

年代	シュネーベルク	アンナベルク	マリーエンベルク	ブフホルツ
1492	11, 642 M.	722 M.		
1493	8, 690 M.	367 M.		
1494	9, 335 M.	840 M.		
1495	15, 749 M.	2, 650 M.		
1496	9, 134 M.	2, 176 M.		
1497	6, 242 M.	9, 701 M.		
1498	7, 205 M.	12, 132 M.		
1499	7, 873 M.	13, 300 M.		
1500	4, 435 M.	12, 708 M.		
1501	6, 111 M.	16, 833 M.		838 M.
1502	8, 186 M.	25, 587 M.		1, 331 M.
1503	6, 908 M.	27, 811 M.		1, 511 M.
1504	9, 914 M.	23, 440 M.		3, 756 M.
1505	9, 284 M.	22, 580 M.		3, 141 M.
1506	7, 391 M.	20, 972 M.		787 M.
1507	7, 224 M.	18, 389 M.		3, 434 M.
1508	5, 012 M.	19, 138 M.		978 M.
1509	6, 398 M.	20, 190 M.		1, 937 M.
1510	5, 179 M.	20, 796 M.		2, 115 M.
1511	7, 771 M.	17, 717 M.		1, 817 M.
1512	12, 845 M.	17, 517 M.		1, 743 M.
1513	5, 445 M.	29, 044 M.		2, 150 M.
1514	4, 480 M.	23, 544 M.		2, 361 M.
1515	4, 937 M,	10, 150 M.		2, 721 M.
1516	4, 959 M.	10, 687 M.		
1517	5, 868 M.	26, 029 M.		1, 153 M.
1518	4, 665 M.	16, 783 M.		2, 814 M.
1519	3, 791 M.	12, 274 M.		2, 795 M.
1520	3, 840 M.	11, 711 M.		1, 899 M.
1521	2, 221 M.	12, 607 M.		1, 976 M.
1522	3, 055 M.	10, 438 M.		918 M.
1523	2, 131 M.	9, 929 M.		
1524	1, 114 M.	11, 946 M.	284 M.	780 M.
1525	2, 036 M.	10, 434 M.	247 M.	1, 192 M.
1526	2, 722 M.	11, 702 M.	584 M.	1, 191 M.
1527	2, 231 M.	9, 368 M.	245 M.	537 M.

1528	1, 354 M.	9, 401 M.	229 M.	
1529	1, 576 M.	10, 285 M.	790 M.	923 M.
1530	3, 308 M.	10, 545 M.	1, 491 M.	2, 975 M.
1531	3, 858 M.	12, 849 M.	2, 908 M.	1, 257 M.
1532	2, 830 M.	7, 005 M.	3, 981 M.	426 M.
1533	2, 201 M.	12, 130 M.	2, 678 M.	
1534	7, 194 M.	22, 499 M.	1, 792 M.	315 M.
1535	15, 486 M.	32, 317 M.	6, 095 M.	369 M.
1536	16, 302 M.	27, 421 M.	6, 829 M.	278 M.
1537	13, 253 M.	62, 206 M.	5, 317 M.	
1538	15, 014 M.	25, 119 M.	17, 929 M.	
1539	12, 350 M.	12, 500 M.	34, 804 M.	937 M.
1540	9, 554 M.	11, 897 M.	46, 168 M.	403 M.
1541	8, 119 M.	8, 672 M.	23, 876 M.	
1542	6, 304 M.	5, 176 M.	18, 873 M.	3, 229 M.
1543	4, 730 M.	8, 250 M.	16, 011 M.	
1544	3, 492 M.	2, 130 M.	16, 311 M.	2, 708 M.
1545	4, 201 M.	10, 012 M.	15, 071 M.	4, 371 M.
1546	2, 305 M.		15, 563 M.	

たとみなされている[65]。

いま、一五世紀末からのシュネーベルク、アンナベルク、マリーエンベルク、さらにブフホルツフの出鉱量を比較した数字があるので掲げておく（表8）。

＊ Dietrich, S.74; Laube, S.268f.

シュネーベルクは一五世紀末と一五三〇年代の二回ピークを迎えているが、ほかは低額ながら、恒常的な出鉱ぶりである。アンナベルクは一五三七年六万マルクという驚異的産出を見せている。マリーエンベルクは一五四〇年前後ピークであった。なお、一五三八年のアンナベルクの銀の政府財務局への引き渡し価格が三三万三〇七八グルデンに対し、上掲の一三三七年アンナベルク銀出土量が六万二二〇六マルクとあるので、銀重量一マルクの価格はほぼ五グルデンであったことが判る。いずれにせよ、アンナベルクの頂点は一五三七年、マリーエンベルクの頂点が一五四〇年であったことが確認できるのである。

ドイツ銀山の衰微

しかし、一五四〇年代後半に入って、アンナベルク、シュネーベルク、マリーエンベルク三鉱山は急速に衰微した[66]。最後まで粘り強く不死身の活動を続けているのはフライベルクで、一九世紀末なお、労働者八〇〇〇～五〇〇〇人を雇い、三万四〇〇〇～二万キログラムの出鉱量を維持しているのである[67]。

ボヘミアの銀山ヨアヒムスタール

南ザクセンに接したボヘミア銀山では、ヨアヒムスタール Joachimsthal（Jáchimoy）がずば抜けていたが、鉱脈が発見されたのは一五一二年のことである[68]。

もともとボヘミアは鉱産物資源に富み、早くから開発されていたが、そのもっとも古い鉱山にモラヴィア西境にあるイグラウ Iglau（Jihlava）銀山があり、そこの鉱山法は一二四九年に起源をもち、ボヘミアだけでなく、ドイツ、ハンガリーにも影響を与えたといわれる[69]。

その後、中心はボヘミア中央部のクッテンベルク Kuttenberg（KutonáHora）に移るが、九六九年に同地の銀輸出に記録があるので、これが最古の銀山といえるかもしれない。そして、通説によれば、フス戦争にさいしてフス派によって荒らされたと信じられてきたが、むしろフス派は銀山を貴重におもい、一四一四年同鉱山を占領したときには、信仰のゆえに嫌がる坑夫には、再帰を期待して、平和に自由に立ち去ることを許したという。ただし、その後、反フス派の奪回、それをめぐっての戦いが起こり、反フス派が殺戮・暴行を繰り返しおこなったようである。急進派のジシュカが一四二四年ここを一〇年間占領したときも、プラハのための財源地として維持した*。このフス戦争を境目として、その生産は衰微したといわれるが[70]、どうやら他の鉱山でも見られたような、出水などの障害によるものと思われる。しかし、一六世紀初頭までは、クッテンベルクはボヘミアでは首位の座を占め、同国の銀年生産量平均二万七二九〇マルクのうちの九割、二万四〇〇〇マルクを産出している[71]。

＊　フス戦争期のクッテンベルクについては、詳しくは、Schwarz, S.100–108. を見よ。

表9　ヨアヒムスタール銀産出状況（M.＝マルク）

1516年	採掘開始
1526／35年	54,000 M.
1533年	87,500 M.
1555／64年	17,000 M.
1565／74年	8,000～9,000 M.
1601／20年	3,000 M.

表10　16～18世紀ヨアヒムスタール銀産出額

期間	総額	年平均産出額
1516-1595	1,731,000 M.	21,637 M.
1595-1755	475,000 M.	2,969 M.
1755-1782	91,989 M.	7,076 M.
1783-1796	51,154 M.	3,654 M.

ヨアヒムスタールが首座を奪うのは、一五二一年からである。いま、その産出の増減をみると、表9の如くである。[*] これによると、一六三〇年代までのヨアヒムスタールの年産額は五〇〇〇マルクを超え、一五三〇年代には八万マルクを産出し、ザクセン各銀山のそれをはるかに凌ぎ、圧倒的であったことがわかる。

なお、参考までに一八世紀末までのヨアヒムスタールの銀産額[**]を表10に挙げておくが、一六世紀の年平均額が二万マルクとなっているのは、同世紀後半の産額がいかに落ち込んだかを推測させるものがある。

＊　Nef, p.587.

＊＊　Soetbeer, S.24. なお、ヨアヒムスタール銀で鋳造された銀貨をターラーといい、一説によると、一九世紀の初頭アメリカ、カリフォルニアで働いたドイツ人鉱夫によってこの名称が現地の鋳貨に用いられ、それがドルの呼び名になったといわれる。

ティロルのシュヴァーツ銀山

ティロル銀山の開発を示唆する記録は、一三世紀初頭にみられるが、明確な採鉱の史料は、一三一七年ペルギーナ Pergina（トリエント東方）、一三三〇年シャール Scharl（ウンターエンガディン）、フィランダーズ Villanders（ブリクセン）について初めて出てくる。一五世紀に入ると、ステルツィング Sterzing、ゴッセンザス Gossensass（いずれもブレンナー峠南）で銀鉱が発見され、ゴッセンザスは一四二七年鉱業法をもつにいたっている。[72]同じ一四二七年に、のちにティロル銀山の柱となるシュヴァーツ Schwaz 銀山が発見され、史料に記録されているが、それが、重要性を増してくるのは、一四四八年以後のことである。シュヴァーツ銀山の詳細については、次章以降で述べよう。

ガシュタインの金山など

そのほか、ザルツブルク南方のガシュタイン Gastein は、古来から金を産出し、一四六〇―一五六〇年に全盛期を迎えた。この期間に一〇〇〇（!）の坑口から年四〇〇〇マルクの金が得られたといわれる。*

＊ Soetbeer, S.30 ; W. Sombart, Der moderne Kapitalismus, I /1, 1902, S.524f. 坑口数では、一二〇〇年頃、アウクスブルク近郊の Dachsberg 鉄鉱山で、六〇〇〇という驚異的数字が残っている。Lexikon des Mittelalter, 1, S.1948.

なお、シュレージエン地方には、鉱脈は乏しかったが、ライヘンシュタイン Reichenstein、フライヴァルダー Freiwalder などに金山があり、一五一〇年、アウクスブルクのウェルザー商会、ビンメル Bimmel、ヘルヴァート Herwart 家などが関与している。フッガー家が最初から関与したという証拠はないが、しだいに関係を深め、一五二九年には「すでに全鉱山の半ばを所有するにいたっており、相当な利益をあげている」[73]。

ハンガリーの銅山

ハンガリーでは、一三世紀後半、国王ベラ Béla 四世がザクセンから鉱夫を招いてから、鉱山業が勃興をみたが、それは主として銅山であり、貴金属だけに関心をもった国王たちによって飽きられ、一五世紀には、浸水によって完全に破滅状態にあった。同世紀後半ドイツにおける鉱山業の興隆に刺激されたハンガリー鉱山七都市、クレームニッツ Kremnitz（Kremnica）、ノイゾール Neusohl（Banská Bystrica）、シェームニッツ Schemnitz（Banská Stiavnica）

らは、一四七五年、ポーランド・クラクフ市民で、排水技術の発明者であるヨハン・トゥルツォ Johann Thurzo von Bethlemfalvaを招いて、鉱山の復活をはかった。これは見事に成功し、やがて、これにフッガー家が投資し、同家がヨーロッパ銅市場を支配する契機となるのである。[74] なお、この鉱山七都市は、ハンガリー北部、フロン Hron 河中流に位置し、オスマン・トルコの占領を免れ、ハプスブルクの重要な財源となったことに注意しなければならない。

（1）Pitz, S.130, 170：D. Claude, Bourges und Poitiers, S.61f.：Lewis, The northern seas, p.119.
（2）Rousseau, La Meuse, pp.8–10.
（3）Petri, S.239–242.
（4）Rousseau, p.70.
（5）Ress, S.65f.
（6）Ress, S.80f., 66f.
（7）Ress, S.82f.
（8）Ress, S.75, 74.
（9）Ress, S.72.
（10）Ress, S.72 Anm.60.
（11）Pfeiffer, Nürnberg, 1, S.37.
（12）Ress, S.86.
（13）Ress, S.87.
（14）瀬原『スイス独立史研究』二一八、三五三頁。
（15）Gottlieb, Augsburg, S.261–263.
（16）Pfeiffer, Nürnberg, S.178.
（17）Ammann, S.72f.
（18）Pfeiffer, Nürnberg, S.191.

(19) Strieder, Studien, S.145f.
(20) Stolz, S.210f.
(21) Nef, p.471.
(22) Strieder, S.125–131.
(23) Joris, S.261. ムーズ中流域の鉄と亜鉛産出地の分布図については、同書二六二頁の地図を参照。
(24) Rousseau, p.103–107.
(25) Schwieneköper, S.105–8.
(26) 詳しくは、瀬原『ヨーロッパ中世都市の起源』五二四頁以下を参照。
(27) 拙訳、ヨルダン『ハインリヒ獅子公』二四〇頁。
(28) Hillerbrand, S.32–35.
(29) Hillerbrand, S.31.
(30) W. Hillerbrand, S.36.
(31) 瀬原『都市の起源』一九二、二六八頁。
(32) Hillerbrand, S.37.
(33) Urkunden zur Geschichte des Städtewesens, in Mittel-und Niederdeutschland, Bd.2, 1992, Nr.111（S.256）.
(34) Hillerbrand, S.39.
(35) Hillerbrand, S.38.
(36) Hillerbrand, S.43.
(37) W. Möllenberg, S.5–11.; Strieder, Studien, S.47; E. Paterna, 1, S.34f.
(38) Pfeiffer, Nürnberg, S.177. シュタイナハ精錬所は、一五五四年、経営資本一三万六〇〇〇グルデンの企業にまで成長している。Strieder, Studien, 47.
(39) 谷澤、精銅取引と商業都市、三一〇頁。
(40) Möllenberg, S.48f.; Strieder, Studien, S.110.; Paterna, 1, S.74f.
(41) Paterna, 1, S.77f.
(42) Paterna, 2, S.628.
(43) Pfeiffer, Nürnberg, S.177. 谷澤、前掲論文三一一頁。
(44) Paterna, 2, Karte Nr.2. をみよ。

（45）レーリヒ『中世の世界経済』（瀬原訳、未来社）五〇頁。
（46）F. Mathis, Die deutsche Wirtschaft im 16. Jahrhundert, Oldenbourg 1992, S.84.
（47）瀬原『中世都市の歴史的展開』五六頁。
（48）同上。
（49）レーリヒ『世界経済』四五頁。瀬原『都市の起源』五九七頁以下。
（50）レーリヒ、四六頁。瀬原『中世都市の歴史的展開』四七四頁。
（51）G. Wunder, Die Sozialstruktur der Reichsstadt Schwäbisch Hall im späten Mittelalter（in：Untersuchungen zur gesellschaftliche Struktur der mittelalterlichen Städte, VuF., XI, 1966）, S.25. 瀬原『中世都市の歴史的展開』一二七頁以下を参照。
（52）Wunder, S.27.
（53）Haverkamp, A., Aufbruch und Gestaltunga, Deutschland 1056–1273, 1984, S.261f.
（54）Wunder, Die Ministerialität der Stauferstadt Hall（in：Stadt und Ministerialität, hrsg. von E. Maschke, 1973）, S.70.
（55）F. Rabe, Der Rat der niederschw bischen Reichsstädte, 1966, S.64.
（56）O. Stolz, Die Anfänge des Bergbaus und Bergrechtes in Tirols, ZRG. GA. 48/1928, S.223ff. bes. S.225ff. 瀬原「中世末期・近世初頭のドイツ鉱山業と領邦国家」一三四頁。
（57）フライベルク銀山については、次の文献を見よ。H. Planitz, Die deutsche Stadt im Mittelalter, 1954, S.195f.；M. Unger, Die Freiberger Stadtgemeinde im 13. Jahrhundert（Vom Mittelalter zur Neuzeit. Festschrift f. H. Sproemberg, Berlin 1956）, S.64f.；R. Dietrich, Untersuchungen zum Frühkapitalismus im mitteldeutschen Erzbergbau und Metallhandel, Jb. f. die Geschichte Mittel-und Ostdeutschlands, Bd.8, 1959, S.51–119；Unger, Stadtgemeinde und Bergwesen. Freibergs im Mittelalter, Weimar 1963；K. Schwarz, Untersuchungen zur Geschichte der deutschen Bergleute im späteren Mittelalter, Berlin 1958；A. Laube, Studien über den erzgebirgischen Siberbergbau von 1470 bis 1546, Berlin 1976；Freiberger Bergbau. Technische Denkmale und Geschichte, hrsg. von O. Wagenbreth u. E. Wächtler, Leipzig 1986.
（58）Schwarz, S.46.
（59）Soetbeer, Edelmetallproduktion, S.17.
（60）Hoppe, S.16.
（61）Nef, p.579.
（62）A. Soetbeer, Edelmetallproduktion, S.12, 13；Laube, S.18–37；Bergbau Erzgebirge, Technische Denkmals, S.23. なお、アンナベルクについては、次の研究が詳しい。Th. G. Werner, Das fremde Kapitel im Annaberger Bergbau und Metallhandel des 16.

Jahrhunderts, Neues Archiv für Sachsische Geschichte Bd.57（1936）, S.113–201.

（63）Werner, S.119.

（64）H. Löscher, Die Anfänge der erzgebirigischen Knappschaft, ZRG. KA. 40/1954, S.227；A. Zycha, Zur neuesten Litratur über die. Wirtschafts-und Rechtsgeschichte desdeutschen Bergbaues, VSWG. 33/3（1940）, S.223.

（65）Zycha, S.223f.；Nef, p.579.

（66）Bergbau im Erzgebirge, S.23.

（67）Ibid., S.26.

（68）I. Mittenzwei, Der Joachimstaler Aufstand 1525. seine Ursachen und Folgen, Berlin 1968, S.7.

（69）Ermisch, S.20；Zycha, Das bömische Bergrecht des Mittelalters auf Grundlage des Bergrecht von Iglau, 1900, I, S.43–4. cit. in, J. U. Nef, Mining and Metallurgy in Medieval Civilisation, Cambridge Economic History of Europe, Vol.II（1952）, p.451.

（70）K. Schwarz, Untersuchungen, S.47. クッテンベルクの銀産出量は、一四世紀前半のそれに対して、後半期には半減したといわれる。

（71）Soetbeer, S.24–27.

（72）St. Worms, Schwazer Bergbau im fünfzehnten Jahrhundert, 1904, S.99（Urk.1）；O. Stolz, Die Anfänge des Bergbaus und Bergrechtes in Tirol, ZRG. GA., 48/1928, S.257ff.（Anhang A Nr.1, 3, B Nr.4）：Zycha, Zur neuesten Literaur, VSWG. 33/1, 2（1940）, S.108.

（73）Zycha, VSWG. 6/1, S.115f.

（74）ハンガリー鉱山七都市は、本文の三都市のほかに、Königsberg, Pukanez, Dilln, Libethin をいう。M. Jansen, Jakob Fugger der Reich, 1910, S.132f.；G. F. von Pölnitz, Jacob Fugger, 1949, I, S.50f., II, S.19.

第二章　生産形態

以下、主として銀山の例にのっとりながら、鉱山の物的・人的構造の解明に迫ろう。

鉱区の設定

鉱山は、山師が鉱脈を発見したときから始まる。以下、鉱区が設定される過程を、フライベルク鉱業法にしたがって素描しよう。

山師は、ナップザックを背負い、金槌一丁もって山野を徘徊し、鉱脈を探索した。そのための自由通行権、自由な居住権、放牧権、家屋建築権、「炭焼き Kohlerey」のための森林伐採権——ただし、実費を支払わねばならない——、さらには武装権さえ認められていた(1)。

鉱脈が発見されると、彼は、鉱山開発特権をもつランデスヘルの鉱山監督官に、採掘を願い出る。試掘の鉱石が「十分の一税徴収官 Zehnter」に提出され、特権領主取り分として、採鉱量の「第三の交替作業採掘分 die dritte Schicht」（三分の一）を、賦役部分 Frontheil として収取可能かどうかが吟味され——その場合、経営経費が採鉱量を上回るときには、赤字補填の補助金を支給しなければならない——、採算が取れると判断されれば、開発の許可が与えられた。そのさい、鉱脈発見箇所を中心として、七ラハター Lachter（一ラハター＝二メートル）平方（＝一レーエン Lehen）を七区画、つまり、幅七ラハター（一四メートル）、長さ四九ラハター（九八メートル）の帯状の採鉱区画が与えられる。これを発見坑 Fundgrube という。

その両端、延長線上に、各七レーエンが設営され、その各レーエンは、辺境伯、辺境伯夫人、式部官、膳部官、

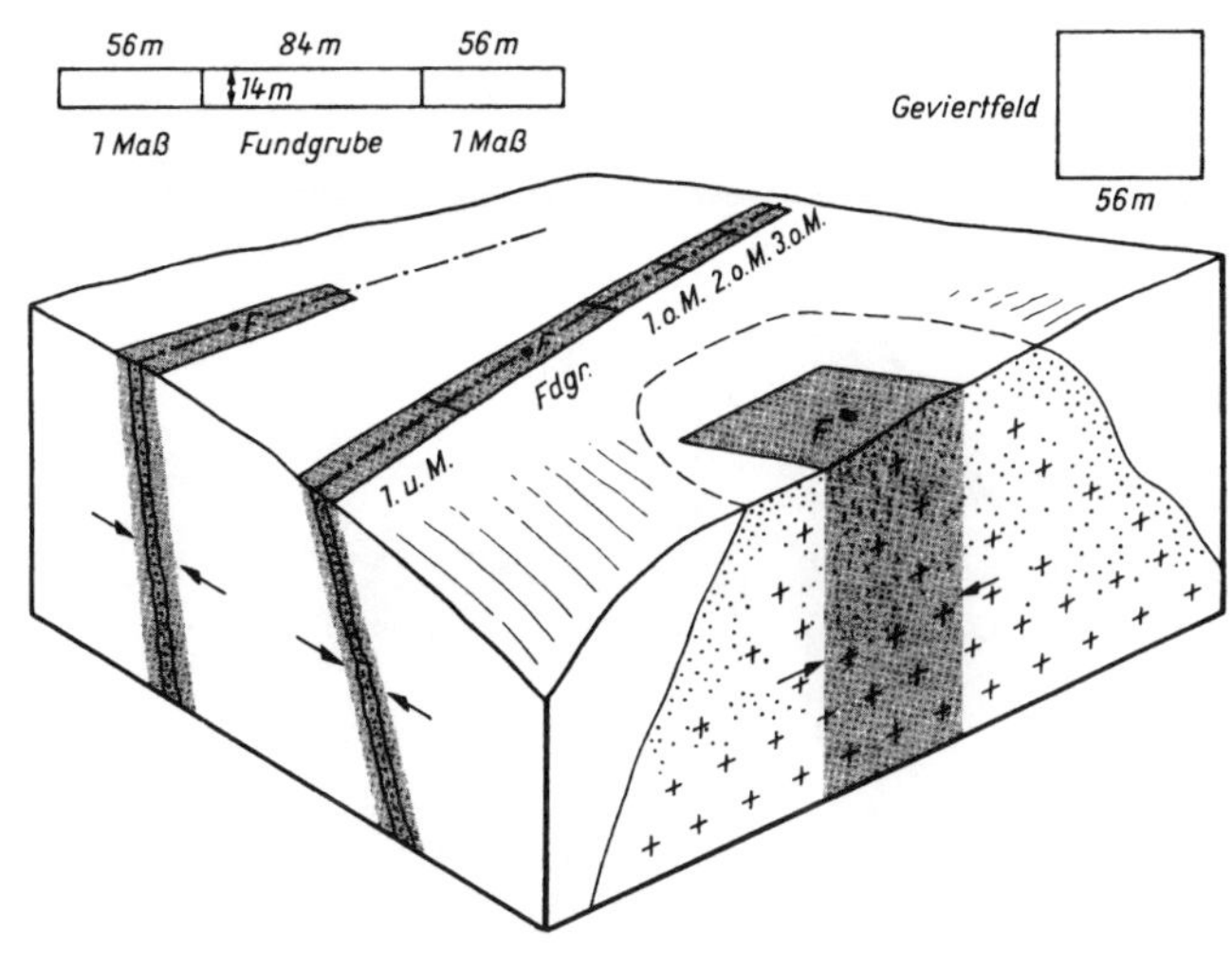

鉱坑設置概念図（Bergbau im Erzgebirge, S.34）

官房長、フライベルク市参事会、鉱山監督官に与えられる。つまり、幅一四メートル、長さ二九四メートルの帯状の採鉱区画が設定されたのであり、これが鉱区である[2]。

なお、一六世紀のフライベルクでは、レーエンの長さは四二ラハター（八四メートル）に縮小している。また、一ラハターは正確には、一・九四二メートルである。採鉱区画を帯状に設置したのは、銀含有地層が板状になって、縦に地中に埋まっているからである。*

＊　その埋蔵状態と鉱区設定の仕方については、Der Freiberger Bergbau, Tchnische, S.24. の概念図をみよ。

ただし、上記の鉱区設定の仕方は、フライベルクの場合であり、地域によっては、七L×二一L、一四L×二一L、一四L×一四L（L＝ラハター）といった設定の仕方もあったことが、アグリコラ『金属について』第四巻にみえている。*

＊　Georg Agricola, De re metallica (Zwölf Bücher vom Berg- und Hüttenwesen, Übersetzung, 15. Aufl. 1978) S.60ff. 邦訳『デ・レ・メタリカ全訳とその研究　近世技術の集大成』（三枝博音訳、山崎俊雄編、岩崎学術出版社、一九六八）、六七頁以下。アグリコラ（一四九四－ca. 一五五五）は、ザクセン生まれのすぐれた鉱物学者である。

Die Tragſtempel A. Die Trumhölzer B. Wandruten C. Einſtriche D.

鉱抗の設置

なお、このような官による区画設定がおこなわれる以前には、発見者による小さい、自由な採掘がおこなわれており、また鉱区設定に合格しなかった場合には、そのまま小規模経営が続いたとおもわれる。[*]そして、初期の浅掘りの場合には、非常に接近して、坑口が設定され、争いや事故が起こりやすかった。ゴスラールのランメルスベルクでは、各坑の距離は一三フィート（約四メートル）しか離れていなかったし、クッテンベルクでは二メートルしか離れていない坑口が存在した。そこで、坑口間の間隔が早くから規定されることになり、たとえば、一二四九年のイグラウでは、七ラハター（一四メートル）離すこと、と規定されているが、その後の規定によれば、七ラハターに三つの坑口を設けてもよい、とされているのである。[3]

＊ Ermisch. Freiberg. Bergrecht. A §11 (S.7) ; Schmoller, S.694. 後述する労働者三〜六人といった坑口はこれであろうし、日中二交替制で採鉱されたとおもわれる。

坑口では、採鉱夫の出入りする坑道を兼ねた、巻揚機で鉱石を巻き揚げる垂直坑が、いくつか設けられ、地表ではその間にボタ山が点在した。

特権領主、政府高官などに割り当てられた区画での掘削は、原則として自力でおこなわねばならなかったが、事実問題としては不可能であり、雇用した坑夫に委任するか、あるいは、他に権利を委譲するかしたのである。鉱山の隆盛につれて、こうした鉱区が多数併存することになった。

労働者数

一五〇〇年頃、シュネーベルクの鉱区は二四あり、坑口はおよそ一五〇を数え、そこで働く労働者は九〇〇〜一二〇〇人であった。[4]

アンナベルクの坑口は、一五一三年、七八九あり、労働者は二〇〇〇人であった。[5]

表11　シュヴァーツ銀山の産出量

年代	総出鉱量	年平均出鉱量
1470-1494	228,441kg	9,139kg
1495-1519	282,271kg	11,290kg
1520-1544	246,603kg	9,944kg
1545-1569	164,582kg	6,583kg
1570-1594	125,379kg	6,015kg
1595-1619	74,807kg	2,992kg
1620-1623	7,972kg	1,993kg
1470-1623	1,132,085kg	6,900kg

シュヴァーツ銀山の労働者数

ティロルのシュヴァーツ銀山の主要部分をなすファルケンシュタインFalkenstein 地区では、一四七〇年代の創業時、一六鉱区があり、一五一三年には五七鉱区、一五五四年には三六鉱区があった。出鉱量は表11の通りである[6]。出鉱量最高の年は、一五二三年の一万五六七五kgであるが、鉱区数からみても、大体その前後がピークであったことが判る。同時に、この時期には、七〇〇〇トンの銅を産出していたことも注目しなければならない。

そこで働いている労働者は、一五二六年一四二坑口で四五九六人、一五五四年七四六〇人、一五五六年六八五〇人、一五八九年四四九〇人であったといわれる。ただし、鉱区当たりの労働者数は均等ではなく、鉱区により大きな差異があった。すなわち、一五五四年の場合、三鉱区でそれぞれ四五〇人、四二一人、四一六人が働いており、六鉱区では三〇〇～四〇〇人、三鉱区では二〇〇～三〇〇人、一三鉱区では一〇〇～二〇〇人が働いていた[7]。

一六世紀後半のシュヴァーツで、労働者数が増えているのは、竪坑の深化につれて、出水量がふえ、排水作業に大量の人手を要したからではないかとおもわれる。揚水機がときどき用いられたが、すぐ駄目になり、排水は基本的には、梯子を背にして、下から上へと水桶をリレーする人力排水が主流をなしたのである[8]。

ヨアヒムスタール銀山の労働者数

一六世紀中葉のヨアヒムスタールでは、坑口数と労働者数は表12のようであった[9]。
ヨアヒムスタールの一坑口当たりの労働者数は五～六人であった。マリーエンベルクでは、一五五〇年二〇〇〇人が働き、坑口当たりの平均労働者数は三人、最大鉱区で三六人であったといわれる。[10]

鉱山労働の分業化

いま坑口当たりの労働者が三人、あるいは五～六人といったが、これは地表での、ないしは僅かに地下に入ったところでの採鉱についていえることであって、坑道造り、採鉱、搬出、砕鉱、精錬、排水の作業を、ほとんど分業なしでおこなっていたとおもわれる。しかし、鉱山は採鉱開始後まもなく、坑道が深く地下に入る竪坑採掘となっていく。そうなると、労働は、必然的に分業をよぎなくされ、初期のころの六時間労働、四交替制の場合、最低八人以上の労働者を必要とするにいたる。ちなみに、上述のシュネーベルクの場合、一五〇の坑口のうち、坑道の深さが三〇ラハター（六〇メートル）以上にたっする坑口は六六におよび、そのうち四〇～五〇ラハター（八〇メートル）以上のものは三八であり、最高は一〇〇ラハター（二〇〇メートル）にたっしているのである。[11]

表12　ヨアヒムスタールの坑口と労働者数

年代	自立坑口	補助金付坑口	坑口総数	労働者数
1525	125	471	596	2,682
1535	217	697	914	4,113
1545	120	452	572	2,574
1555	83	312	395	1,777
1565	63	237	300	1,350
1575	34	128	162	729

坑口の持ち分（シヒト＝鉱産物取得権）、その分割化、株の発生

フライベルクでは、一二四一年の記録が、竪坑での六時間労働、昼夜四交替制の労働体制があったことを伝えている。初期のころ、一日六時間労働制がおこなわれたのは、坑夫が残された時間を、自身と家族の生活物資生産のための農作業に当てさせるためであったとおもわれる。その一交替作業を「シヒト Schicht」と呼んだ。この「シヒト」には、採掘 Hauen と整理 Säubern を交互におこなう二人の坑夫が必要であるとされ、四「シヒト」を維持するためには、最低八人の採鉱夫を必要とした。そして、この「シヒト」は、そこから、坑口採鉱にかかわる権

利・責務の四分の一の持ち分を意味するものになる。

ときに、文書のなかで特権領主取り分が「第三のシヒト」と呼ばれ、あたかも鉱産物三分の一の取得権があるかのような表現がみられるが、八時間労働、三交替制が出現したとき、賦役労働の廃止された従来の荘園直営地での領主取り分三分の一の観念から発したものであろうが、坑夫の労働の実情にあうものではなく、領主取り分は六分の一、九分の一、十分の一へと減少していき、最後に十分の一で落ちついたのであった。[12] 史料的に八時間三交替制が出てくるのは、フライベルクで一四四九年以降のことである。*

* 諸田、前掲『ドイツ初期資本主義経済』一四八頁で、労働時間について詳しく論じている。また、シュモラーは、クッテンベルク鉱業法の一日二回就労禁止条項から、六時間の間隔をおいて、坑夫の一日二回就労がおこなわれていたところもあった、としている。Schmoller, S.684.

この坑口の持ち分権が、ところによっては、ただちに三二分割されることが起こっている。フライベルク鉱業法（A）の第九条によれば、発見坑の採鉱区画地表の三二分の一を、土地領主に分け、それによって、その分だけの採掘・鉱産物取得権を認める、とある。これは、採鉱によって農耕不可能となった土地の損害を、土地所有者に補償しようとしたものにほかならない。[13] 他方、このような細分（タイル Theil）化がおこなわれた理由としては、採鉱作業が急激に拡大した場合、当初から大きな資金を必要とし、その資金を容易に集める手段として、細分化した採掘・獲得権を売りに出したためとおもわれる。つまり、細分化された採掘・獲得権＝株 Kux 発行のために、分割化がおこなわれたのである。[14]

坑口の細分化の程度は、採鉱金属の違い、あるいは、坑口の生産性の違いによって、大きく異なった。鉄山では、四タイル以上はなく、鉛、蒼鉛（Wismut）、錫、銅、水銀鉱では、大体八～三二タイルに分割された。アグリコラによれば、銀山では、シュネーベルクの坑口で、初めて、三二タイルの四倍の一二八タイルに分割され、その一二八分の一の持ち分が「株 kux」*と称せられたが、ヨアヒムスタールでは、一二八タイルへの分割が通常であったという。そのさい、土地所有者に四タイルが割り当てられており、フライベルクの三二分の一タイル分与の原則が、守られていたことが判る。[15] シュネーベルクでは、領邦君主の危惧したことであったが、この一二八タイルは、さらに二倍の二五六タイル、三倍の三八四タイルにまで分割されているのである。[16] この鉱山株の取得を通じて、都市の資本が鉱山に進出するにいたる過程については、後程みることにする。

＊　株 Kux の語源は、ボヘミア地方の kus = Teil の用語から来たといわれている。Hoppe, S.72. 諸田、前掲書、一四三頁注（6）。

「発見坑保持者」は、特権領主に「賦役分」、のちには十分の一税分を納めて、土地を保有することになり、これが《Lehnschaft》と称せられるのであるが、世代を経過する中で、採掘は、発見者の子孫以外の坑夫にゆだねられることになった。これを「下請け坑夫 Lehnhäuer」といい、これと名義保有者とのあいだに「請け負い契約 Gedinge」が結ばれ、その条件は、十分の一税控除後の鉱石を折半するということが多かった。これも《Lehnschaft》と称されたが、いわば第二次のそれである。[17]

ところで、保有名義の方は、株売却によって、本来の保有者およびその相続人の手を離れ、一つの坑口に何人もの保有者が立ち現れてくることになると、責任をもって「下請け坑夫」と契約を結ぶ主体がないことになり、採掘が杜撰にならざるをえない。そこで、後述するように、ザクセンでは、特権領主が、「実直で、有能、かつ鉱山を熟知した」人物、そして、現に坑口経営にたずさわっている人物を鉱区長に任命して、近辺の坑口運営――「下請け坑夫」の委嘱をふくめて――を全面的に世話をさせる制度が導入されたのである。そのさいの雇用条件は、もはや、現物折半ではなく、賃金支給であった。このようになると、もはや、《Lehnschaft》とはいえず、官営といった方が適当であろう。

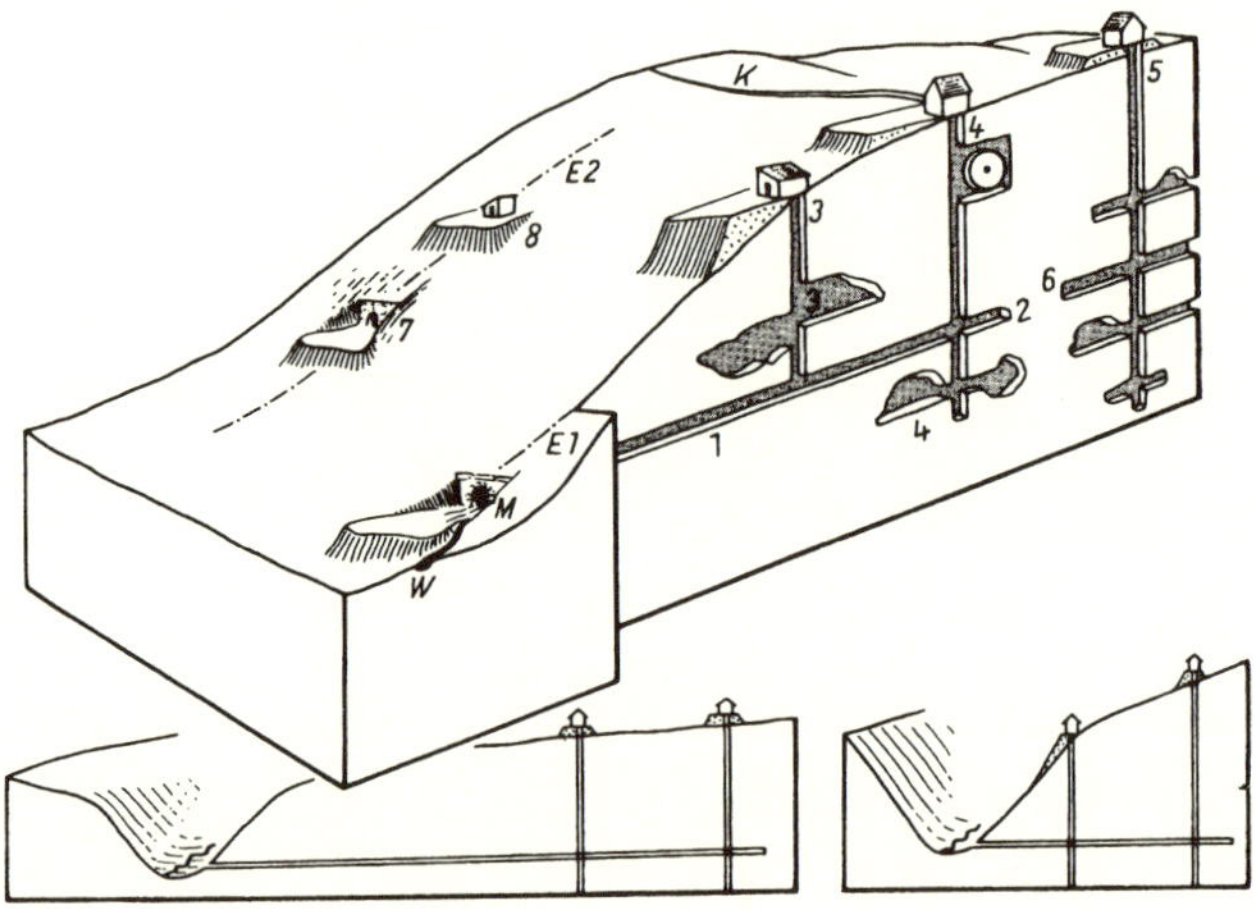

横坑（排水坑）設置概念図（Bergbau im Erzgebirge, S.56）

横坑の設置

なお、注目しなければならない重要事は、排水横坑 Erbstollen の開発である。すでに述べたように、竪坑の深化とともに、浸水が大きな脅威となり、排水が喫緊の事項となるが、そこで横坑の設置に着手された。それは、山頂部から、あるいは比較的高度の場所から掘られた垂直の坑道の底部に、あるいはその途中部に、やや傾斜をつけた水平の坑道を掘り、その坑口を山の麓に明け、排水するのである。その明け口からは、自然に、あるいはフイゴ装置によって、新鮮な空気が坑内に送り込まれるという利点があり、一五世紀末には盛んに掘られた。横坑の掘削には——もちろん、事前には察知することはできなかったが——地下での採鉱の範囲が横にむかって格段に拡大されるという経済的利点もあったのである。*

* Bergbau im Erzgebirge, S.41, 56. などに、横坑のイメージが図示されている。

横坑敷設は、竪穴掘削とは異なって、横に広い地面にわたるので、フライベルクの例によれば、申請があると、都市参事会員が、鉱山支配人とともに、騎馬で当該地を見て廻り、承諾を与えることになっていた。

また、この排水横坑の構築にさいしては、莫大な費用を要した。そこで、敷設者はそのむねの申請を鉱山支配人 Bergmeister におこない、特権領主の了承を得て——というのは、横坑には、地表とは異なって、前後七ラハターの領主鉱区を設けることができなかったからである——、その坑道を《世襲地 Erbe》とするのである[18]。この世襲地の所有者が、そこでの直接採掘を下請け坑夫に委託した場合、採鉱された鉱石は十等分され、十分の一が特権領主に、各四½が所有者と坑夫のあいだに配分された。これが《Erblehnschaft》と称されるものである[19]。

横坑はすでに一四世紀半ばに敷設が開始されており、当時のフライベルク鉱山の領主マイセン辺境伯も、一三八四年 Reich-Zechner-Stollen に、一四〇二年には Storenberge の横坑に使用料を支払っている[20]。なお、シュモラーが上げている例で、道具の貸し付け、産出物の折半という《Lehnschaft》の条件は、興味深いことに、当時、地表の荘園でおこなわれていた領主直営地の貸し出し条件と同じである[21]。

一四五七年のフライベルクで、特権領主直営の三横坑では、鉱山局が、採掘人に綱、桶、鉄くさび、シャベル、巻揚機など道具を貸与し、採掘人に週六グロッシェンの賃金を払い、加えて、鉱石を領主・坑夫間で折半するということがおこなわれた[22]。さらに、エルプレーエンの特権として、排水の恩恵に浴する坑口経営者から、「第四のペーニヒ」、あるいは「横坑九分の一の取り分 Stollenneuntel」と称して、十分の一税引き去り後の鉱石の九分の一が支払われたのである[23]。ちなみに、《Erbe》という用語は、ザクセン地方では、横坑を敷設する地面を意味する鉱山用語として、最初使われたといわれる。

特権領主と採鉱地の関係を表現する《Lehnschaft》には、以上述べたように、本来的なものと、それから派生した第二次的なものと、《Erblehnschaft》の三つのカテゴリーがあったのではないかとおもわれる。

（1）Hue, Die Bergarbeiter, Bd.1, Stuttgart 1910, S.11f.
（2）Ermisch, S.XXXf., Freiberg. Bergrecht, A§11, 12（S.7ff.）; Köhler, S.48f.

（3）Schmoller, Unternehmung, S.664.

（4）Hoppe, S.156, 112 ; Zycha, Zur neuesten Literatur, VSWG. 5/1907, S.221. シュネーベルクでは、フライベルクの鉱区制が採用されたが、多くは四～六レーエンと小さく、中には一～二レーエンのものもあった。Hoppe, S.89.

（5）Laube, S.94.

（6）Wolfstrigel-Wolfskron, Die Tiroler Erzbergbaue, S.33–38.

（7）Woffstrigel-Wolfskron, S.15f. ; Zycha, VSWG, 6/1, S.256 ; Strieder, Studien, S.40 ; Sombart, Der moderne Kapitalismus, Ⅱ/2 (2. Aufl., 1924) S.791f.

（8）シュヴァーツ鉱山の排水の苦闘ぶりについては、Wolfstrigel-Wolfenkorn, S.39f., 48, 51. をみよ。

（9）Schmoller, Unternehmung, Schmollers Jahrbuch, 15/1891, S.975.

（10）Zycha, VSWG., 33/3, S.224.

（11）Hoppe, S.92f., 158.（Anhang Nr.XVI）

（12）Köhler, S.58, 56. 諸田、前掲書、一一五頁。諸田氏は、特権領主「三分の一」取り分は、三交替制の存在からくるのではないか、と推測しており、シュモラー（S.684）も同様な推測をしていて、妥当な考えとおもわれる。

（13）Köhler, S.58.

（14）Ibid.

（15）Schmoller, S.985.

（16）Hoppe, S.72f.

（17）Worms, S.58 ; Zycha, S.250f.

（18）フライベルク鉱業法（B）第一〇条。Ermisch, S.44 ; Köhler, S.68ff. を参照。

（19）Freiberg. Urk. Ⅱ, S.236–259. zit. in : Schmoller, S.1002. を参照。

（20）Freiberg. Urk. Ⅱ, S.168. zit. in : Schmoller, S.1002.

（21）Altwürttembergische Urbare, hrsg. von K. O. Müller, 1934, S.52, 171. をみよ。

（22）Hoppe, S.62.

（23）Ermisch, S.LXXXf.

第三章　労働組織

「鉱夫組合」の結成

ところで、上述した坑口において、何組もの坑夫が共同して働く——好調な坑口では、四人一組四交替制（一六人）が普通であった——という場合、そこには指揮系統の序列が生まれる。鉱山の作業は、一歩誤れば大変な事故に連なるだけに、厳重な統制がたもたれねばならない。当初は、発見坑の所有者——これを「レーエン坑保持者 Eigenlehner（Eigenlöhner）」、あるいは単に「親方 Meister」とよんだ[1]——が直接指図をしたであろうし、彼は賃金を支払って、同じ坑内で働く坑夫を雇い、共同作業体制を組んだとおもわれる。賃金は、初期の頃には、毎週土曜日に、掘り出された鉱石の形で、精錬されないまま、配分され、のちには現金で支払われた。この「レーエン坑保持者」の下に、数人の雇用採掘夫 Häuer、さらに鉱石搬出、排水にたずさわる補助労働者がいた。

このレーエン坑保持者、その後継者[2]、あるいはその権利を譲り受けた企業者——これらを、以後、鉱夫と表記して、実際に採掘に従事する坑夫と区別しよう——を中心とした坑口経営体のことを、「ゲヴェルク Gewerk」——そのラテン語表現は concultor（共働者）である——、その集団をゲヴェルクシャフト Gewerkschaft とよぶ[3]。そして、初期には、鉱山全体の共に働くこれらの人々は、週一回集まりをもち、そこで賃金が支払われ、あるいは、人々はさまざまなことについて協議した。一四六八年シュヴァーツ鉱業法第六条に「坑夫にとって必要事、坑口の改善について、坑夫頭と協議する ir noytturft und der gruben nutz mit dem huetman geraden」とある[4]。また、そこで、次の労働契約の提示もおこなわれた[5]。さらに鉱夫間の争いごとの裁判がおこなわれた。そのため鉱夫の中から数名の「参審人 Geschworene」が選ばれたが、彼らの仕事は煩瑣（はんさ）をきわめ、おかげで自己の坑口経営に支障をきたし、その任期を二年交替と定めたほどであった。[6] このゲヴェルク集会は、はじめは特定の名称をもたない兄弟会的存在であり、しばらく経って、鉱夫組合《Sampnung der Knappschaft》[7]、あるいは、単に《協議 Raitung》[8]と称するにいたった。

こうした組織の記録としては、一二〇八年ゴスラールのランメルスベルクに、〈hec omnia faciant de consilio wercorum montis〉とあるのが最古であり、[9] ついで、フライベルクで、一三五〇～一四〇〇年頃設立されたことは確かである。何故なら、兄弟会は、毎週の会合の度毎に、鉱夫総支配人 Steiger に対して、共同飲宴用の費用《Zubusse》[10]を寄託し、また参加者から一ペーニヒのいわゆる「函入れペーニヒ Büchsenpfennig」を徴収したからである。後者は、週五回、説教師を呼んで、朝入坑するまえにミサをあげてもらう――アルテンベルク錫鉱山の例*――費用に、あるいは、病気や事故傷害にかかった仲間の見舞いに宛てられたが、当時、フライベルクのフラウエン教会の中には、鉱夫仲間用の守護聖人エウロギウス Eulogius 祭壇が設けられていた。[11] この組織は、一四〇〇年には、「フライベルク坑夫全山集会 gancze gesselleschaft der heuwer doselbins Friberg」と呼ばれているのである。[12] その後、続々と坑夫組合は設立されることになるが、一四四〇年アルテンベルク Altenberg 錫鉱山、一四六七年ガイヤー Geyer 銀山、一四七一年シュネーベルク、一五〇一年ブフホルツ Buchholz、一五一九年ドレーバッハ Drebach、一五二一年マリーエンベルクなどに、記録がある。[13] 一三四六年ガシュタイン・ラウリス金山鉱業法に、「組合 ainung」結成を禁止し、違反に対して生命・財産損失の刑罰を規定しているところをみると、鉱山領主は労働者の結集に相当の神経を尖らしていたようである。[14]

＊ Löscher, S.225f.

「鉱夫組合」の変質

しかし、この週一回の会合は、一五世紀末になって、大きく変わっていく。ザクセンでは、集会は四週間に一度、四半期に一度、半年に一度の集会へと少なくなっていく。[15] アグリコラは次のように述べている。「マイセンのフライベルクでは、前述の鉱山管理人が、毎週、ゲヴェルクから《共同飲食代 Zubusse》を徴収し、ゲヴェルクに鉱産物を配分するのが、古くからの慣習であった。しかし、この慣習は、ここ一五年以来変わってしまい、集会は年四回になってしまった」と。[16]

賃金支払いは、次のようにおこなわれる。毎週金曜日、鉱山支配人が鉱山局の役人の手を経て、造幣所長から、いわゆる週間当たりの「補助金 Zubusse」、つまり坑口採掘の諸費用を受け取る。彼はそれを、坑夫支配人 Steiger、あるいは鉱夫頭 Hutmann に渡し、翌土曜日、後者らによって、坑夫への支払いがなされ、さらにそれより下の労働者への支払いがなされたのである。[17] しかし、多くの労働者たちにとっては、これまでの賃金はとっくに消費されており、いま渡される賃金は「繋ぎの金」、「前渡し金」にすぎなかった。加えて、渡される賃金は質の悪い小銭、グロッシェン Groschen――少量の銀に多量の銅を混入したもの――、あるいは、同様のヘラー貨、ペーニヒ貨であることが多く、労働者の生活を苦しめた。「彼らにはペーニヒ、ヘラーという小銭で支払われたが、彼らはそれを嫌々ながら受け取った man sie mit cleyner mincze als phennige und hellern bezcale, des sie vaste schaden nemen」のである。たまりかねて一四六九年、錫鉱山アルテンベルクの坑夫たちはストライキを起こしており、イグラウでもフライベルク、ブフホルツ、シュヴァーツ、その他でも不満の声が上がった。さらに現金に代わる劣悪な現物支給となると、坑夫たちの怒りは抑えきれない。それが一五二五年ドイツ農民戦争の一翼を担うことになるのは、のちほど見るとおりである。*

＊ Schwarz, S.68ff.; Löscher, S.229. 一五二五年、ザクセンだけでなく、国境を越えて、ヨアヒムスタールでも騒ぎが起こっている。ザクセンの鉱夫たち自身は、鉱業のことを「支配（国家）の共通の宝 gemein Schatz der Herrschaft」と呼んで、自負していたのであるが、現実の生活には克てなかったのである。Schmoller, S.1009.

鉱山労働者の分業状態

以上のような事態は、おそらく鉱山が大規模化し、毎週、全山集会を催すことが不可能であり、やる意味がなくなったからであろう。その代わり、おそらく、大きな鉱区では、賃金支払いを兼ねて、毎週土曜日に集会がもたれていたのではなかろうか。いま大規模鉱区の就業者の構成を示せば、フライベルクの Alte-Hoffnungs-Erbstollen の例が典型的といえよう。すなわち、就業者一六三人は次のような構成を取っている。(18)

就業者	人数	就業者	人数
鉱区支配人（Obersteiger）	一	先山採掘夫（Ganghäuer）	四
鉱区長（Schichtmeister）	一	つるはし採掘夫（Doppelhäuer）	五三
下級坑夫支配人（Untersteiger）	二	採掘夫（Lehnhäuer）	三三
坑道板張係長（Zimmersteiger）	一	同下働き（Knechte）	二四
揚水係長（Kunststeiger）	一	粉砕工（Ausschläger）	八
坑道板張り工（Zimmerlinger）	七	手伝い（Grubenjungen）	一八
揚水係（Kunstarbeiter）	一	巻上機操作係（Aälzer）	二
鉱山鍛冶（Bergschmiede）	三	同手伝い（Jungen）	二
左官（Maurer）	二		

このように分業化し、上下に階層分解した鉱山の状況にあっては、「鉱夫集会」開会回数も減らざるをえないし、集会の構成員も、坑口経営者、鉱区長 Schichtmeister、坑夫支配人、各坑口をまかされた主だった下請け坑夫 Lehnhäuer などに限られることになろう。初期の全山集会から、下部労働者を除いて、変質した、これらの、い

わば「鉱夫（親）組合 Hauptgewerkschaft」が、領邦国家の鉱山官僚と、膨大な数の下部労働者のあいだの、中間機関として、国家の政策を実行し、他方では、なお共同飲宴費や「函入れペーニヒ」の徴収、教会の祭壇維持、仲間の見舞いをおこない、そして、坑夫たちの不満を訴えていく代表機関となったのである[19]。

鉱山都市の出現

さらに注目すべきは、以前の「鉱夫組合」が母胎となって、そこから鉱山都市が出現していたことである。鉱夫を中心として、あらゆる職業の人々が集住するようになれば、それは必然的過程であった。フライベルクの場合には、一一八五年頃鉱夫たちに物資を供給する商人・手工業者の集落が生まれ、一二四一年の文書には、「構成され

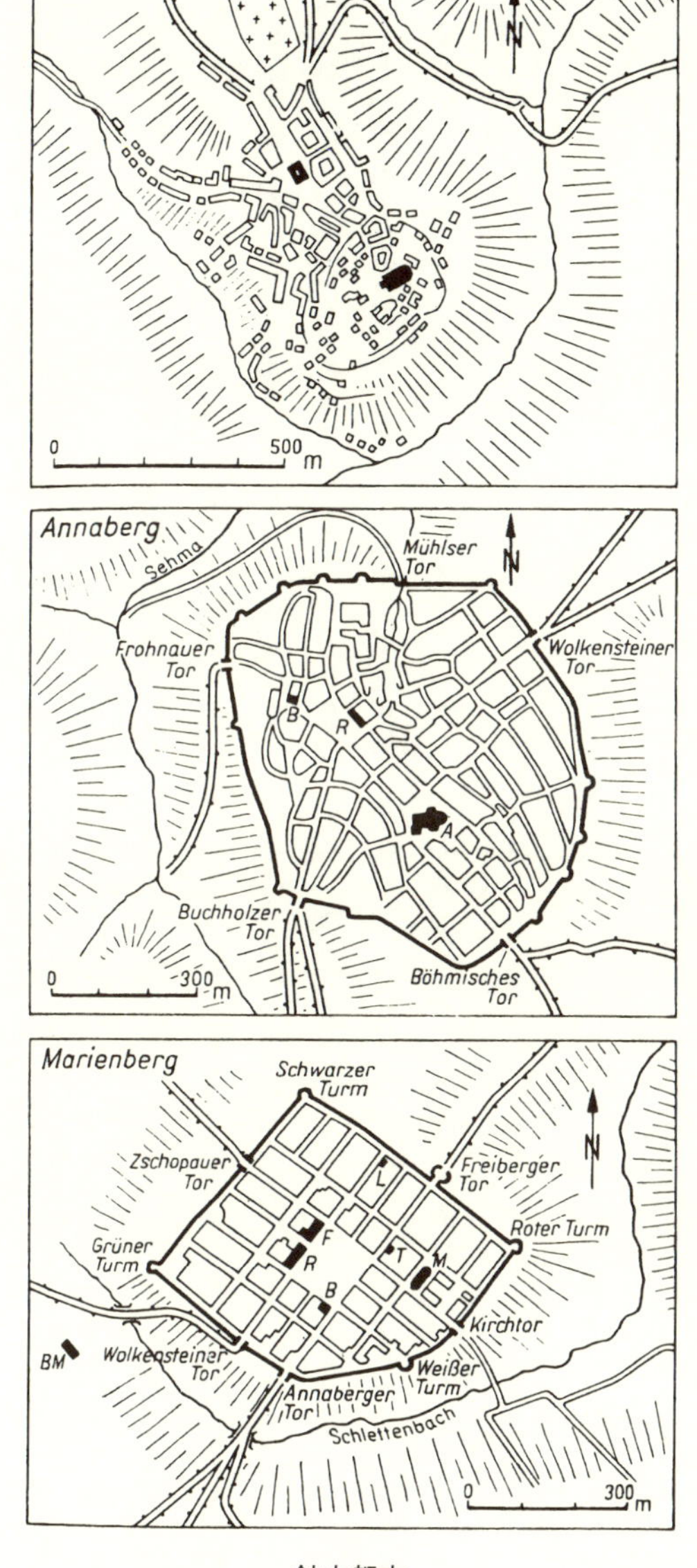

鉱山都市

たばかりのフライベルク都市参事会に認可された法 ius quod consulibus Vribergensis opidi in primi constructione concessum fuit」とある。一二二五年頃には、すでに五つの教区教会が成立していた。[20] 次いで、錫鉱山アルテンベルク Altenberg が、一四六〇年、都市法を授与された。[21] シュネーベルクに都市法が授与されたのは、一四七九年のことであるが、それは「鉱夫組合とその仲間たち die knappschaft und arme gemeyn」の要請にもとづき賦与されたものであった。その都市法によれば、住民による一二人の参審人、鉱山裁判官の選出権、裁判収入の都市への帰属、パン焼き、家畜の屠殺、酒類の販売などの自由、関税や護送義務の免除、鉱山に邪魔な建築物を建てないこと、などが規定されていた。[22] つまり、鉱山都市は「鉱夫組合」の拡大したものにほかならなかったのである。時期はやや遅いが、銅山都市アイスレーベンでは、一五八〇―一六〇〇年、鉱業関係者四〇〇〇人を数え、市民人口は一万人にたっしたといわれる。*

＊ Schmoller, S.975.

ザクセン銀山の官営化傾向に対し、ティロル銀山の民営化傾向強し

ティロルでは、こうした坑夫階層の上下分解、新たな「鉱夫組合」の編成というところまで、はっきり進まなかったようで、旧「鉱夫組合」的伝統が長く残ったようである。[23] たとえば、シュヴァーツ、ファルケンシュタイン地区の、一四七〇～一五三五年間の企業家鉱夫九八名の名前が記録されているが、そのうち一〇年以上経営を継続しているのは三〇名であり、うち四〇年以上は六名を数え、なかでも Cristan Taentzl とその子孫、Hans Füeger とその子孫は、一世紀以上、あるいは六〇年の歴史を誇り、生え抜き的存在であった。* フッガーら財閥が経営に直接かかわった坑口は、わずか七カ所、それも大体一五二一年以後のことである。[24] あるいは、一五一八年に、その産出した鉱石を自由に売ってよいとされた私有坑口、つまり自立的経営体は、三三カ所あったといわれ、[25] このような土着の鉱夫層が健在なかぎり、鉱山官僚などの直接的介入を許さないものがあったのではなかろうか。

＊ Worfstrigl-Worfskron, S.52–56. Täntzl家は、すでに一四三五年に現れており、一世紀にわたって、経営に従事していた。Zycha, Zur neuesten Literatur, VSWG.5/1907, S.248. それに対してザクセンでは、たとえば、シュネーベルクの最富裕鉱区「聖ゲオルク」においてさえも、一四六〇―七〇年代、その経営主は、短期間に、ツヴィッカウ市民Pascha家、次いでN. Schmidt、さらにツヴィッカウ市民Hans Resseへと移行しているのである。Hoppe, S.70.

ティロル銀山が、国家の直接的介入を許さなかったもう一つの原因は、鉱脈が豊富であったことであろう。ザクセン銀山をみると、一五二〇年前後、フライベルクの年平均産出量は七〇〇〇マルク、シュネーベルクは三七五〇マルク、アンナベルクは一万マルク、マリーエンベルクが六五〇〇マルクであったのに対し、シュヴァーツは、これ一山だけで四万マルクを産出した[26]。もちろん、ティロル銀山といえども、排水事業の経費に音を上げ、政府に対してしきりに補助金を要請しているのであるが[27]、ザクセンのように、鉱脈の乏しい、採算の完全に取れない坑口を、国家の威信にかけて、補助金を出して、経営を維持するということはなかったのではなかろうか。ここに、ティロルに官営事業が発達しなかった大きな原因があるのである。

（1）Schmoller, S.700 ; E. Gothein, Bergbau im Schwarzwald, S.422ff.

（2）初代の「レーエン坑保持者」の子や孫は、多く裕福になり、役人、都市参事会員、あるいは、商人、土地所有者となり、坑口の名義的所有権（株）をもったまま、その採掘事業は、下請坑夫Lehnhäuerにゆだねた。Schmoller, S.700.

（3）Agricola, S.69 ; Schmoller, S.685 ; Hoppe, S.72. 一五三七年アンナベルクで銀ラッシュ（この年の産額は六万二二〇六マルクの最高額にたっした――Laube, S.269）が起こり、年生産額が三〇―四〇万グルデンに達したとき、一二八分の一タイル当たり、二〇〇―三〇〇ターラーが支払われ、細分化しても十分利益を還元する状態にあった。シュネーベルクの聖ゲオルク鉱区は、二五六株に分割されているが、一鉱区だけでも、一一〇〇グルデンの収益があり、二五六分の一に細分化しても、株当たりの利益は十分に保証されていたのである。Schmoller, S.974.

（4）シュヴァーツでは、Hutman, Hutleuteと称する者が坑夫の筆頭であるばかりでなく、坑口経営者の名において、下請け坑夫の任命をしたり、越権行為があったようである。Worms, S.41, 44f.

(5) Schmoller, S.989ff.
(6) Worms, S.38f.
(7) Löscher, Knappschaft, S.225. この表現は、一四四〇年頃のアルテンベルク Altenberg の錫鉱山にみえる。
(8) Schmoller, S.990.
(9) Zycha, Montani et Silvani, S.200.
(10) 《Zubusse》は、後述するように、経営不振の坑口に対する国家、あるいは、坑口持ち分（株）所有者によって支出される補助金のことであるが、「共同飲食費」の意味に使われる場合もある。注（16）のアグリコラの記述をみよ。
(11) Löscher, S.225f. アルテンベルク錫鉱山では、説教師は、週五回ミサをあげることになっており、坑夫の入坑が週五日であったことを推測させる。聖エウロギウス Eulogius は、大工と銅鍛冶工の守護聖人であった。
(12) Schwarz, Untersuchungen zur Geschichte der deutschen Bergleute, S.85.
(13) Löscher, S.225ff.
(14) Schwarz, S.88.
(15) Schmoller, S.990.
(16) Agricola, S.69f. 邦訳書、七五頁以下。
(17) Schmoller, S.703. エルツゲビルゲ鉱山では、おそくまで賃金週給制が保たれたのに対し、シュヴァーツでは、一四二七年まで週給、一四四九年月給に変わった。
(18) Hué, S.242；Sombart, II/2, S.832f. なお、諸田、前掲書、一三二頁以下に、一七世紀シュヴァーツのファルケンシュタイン鉱区の労働者六六二人の分業状態を提示している。
(19) Löscher, S.229f.
(20) Planitz, S.195f.；Unger, Stadtgemeinde Bergwesen, S.8–13；do., Freiberg. Stadtgemeinde, S.64ff.
(21) Kötzschke-Kretzschmar, Sächsische Geschichte, Frankfurt a. M.1965, S.151.
(22) Hoppe, S.142f.(Anhang. VIII), 17.
(23) Schmoller, S.1003, 1005.
(24) Worfstrigl-Wolfskron, S.52–56.
(25) Worfstrigl-Worfskron, S.39.
(26) Soetbeer, S.16f. ただし、シュネーベルクの場合、採鉱量に大きなむらがあり、開発直後の一四七一年から一四八〇年までの年平均生産額は三万一四二〇マルク（最高は一四七七年の七万七三五二マルクという、まさに爆発的産出）であり、漸次後退——

一五世紀末には大体一万マルク程度、その後三〇〇〇マルク前後――ののち、一五三五―三九年間には、年生産平均一万五〇〇〇マルク前後（八万八〇〇〇～六万四〇〇〇グルデン）という産額を示している。この一五三五―三九年の評価は、控え目とされているのであるが。一七世紀には、年産一四〇〇マルクに落ち、代わってコバルトの産出が増加したといわれている。Laube, S.22, 28, 268；Soetbeer, S.16.

（27）Wolfstrigl-Wolfskron, S.48–51.

第四章　鉱業技術の進展

ここで、鉱業技術の進展ぶりを概観しておこう。

通常の採掘法

銀採鉱の基本的技術が、坑夫の槌と「たがね」による掘削にあることはいうまでもないが、このほか、鶴嘴、鉄熊手、斧、シャベルが使われ、この作業形態が一九世紀にいたるまで続いた。岩盤が湿っていて、鉱石がはがれにくい場合には、あらかじめ坑内で火を焚いて、岩盤を乾燥させ、亀裂をつけることがおこなわれた。鉱石は籠に入れられ、綱、あるいは鎖を用いた巻揚機によって、坑外に搬出された[1]。坑内作業にとって欠くことのできないものに照明があるが、これには古代から用いられてきた、松脂、あるいは獣脂を燃やした。金属製で、坑内の壁に先端部で灯心を燃やす単純な陶器製の皿を用い、そこで引っかける爪をもった蛙型灯油ランプが導入されるのは一七世紀のことである[2]。

坑内燈（a. 陶製　b. 金属製蛙型）
（Bergbau im Erzgebirge, S.34）

種々の排水法

竪坑採鉱をすすめる条件として、坑内排水がうまくお

Der Rundbaum A.　Die geraden Stäbe, auch Haſpelwinden genannt B.
Das Haſpelhorn C.　Die Speichen des Rades D.　Die Felgen E.

排水作業

こなわれることが前提となるが、この問題こそは、鉱山の死活をにぎる難問であった。初期から、梯子を背にして人が立ち、下から上へと、水桶をリレーして排水するという仕方が一般的におこなわれたが、その後、人力による巻揚機によって水桶を巻揚げるという方式がおこなわれ、あるいは、畜力によって地上で車輪を水平に廻し、それを歯車装置によって、縦に廻る車輪運動につなぎ、鎖に数珠繋ぎにされた水桶を連動的に引き上げて排水するベルトコンベア装置が用いられた。さらに、吸い上げポンプも使われた形跡がある[3]。しかし、当時の技術水準では、精密な金属製円筒を作ることも、それら弁のついた円筒類を精密に組み合わせることもできなかったので、導入当初は効果を上げたにしても、長期的には持続的効果を発揮することはできなかった。

　排水にあたって、横坑が大きな効果を上げたことについては、すでに述べた[4]。

ポンプによる排水図

さて、地上に運び出された鉱石は、粉砕され、純度に応じて選別され、溶鉱炉におくられる。鉱石の搬出が、主として少年労働によって、また粉砕・選別が少年・女子労働によっておこなわれたことはいうまでもない。

吹分法（ふきわけ）

溶鉱技術は、この時期、もっとも目覚ましい進歩をとげた分野である。中世においては、銀の精錬は、吹分法 Treibprozess がおこなわれていた。すなわち、銀含有の鉛鉱石を、炉皿に入れ、フイゴによって風をおくりつつ加熱すると、溶解した銀と酸化した鉛が分離し、上層に浮いた鉛分を除去する。そのあとで銀を木材で焼いて、夾雑物を焼き切り、灰を吹き去って純銀を得るのである。[5] この装置は単純であり、レーエン坑保持者の中には、採掘のかたわら、吹分設備を営む者もあったとおもわれる。[6]

ザイゲル精錬法

一四世紀半ばにいたって、新しい銀精錬法、いわゆるザイゲル（Seiger 溶離）精錬法が開発された。従来、銀を含有する銅は、銀を分離することが難しく、真鍮生産の障害となっていたのであるが、この方法によって、銀の分離が容易になった。すなわち、粉砕された銀含有の銅鉱石に、鉛と木炭を混入して、加熱し、銅と鉛化銀に分離し、後者を吹分法によって銀を分離するのである。[7] この精錬法の開発は一五世紀半ば、ザクセン人ヨハネス・フンケ J. Funcke によるものといわれているが、もっと古くからおこなわれており、[*] フンケはその設備の精密・組織化、大型化を構想した人物とおもわれる。

＊ Nürnberg-Hochfinanz, S.125.

この精錬法になると、設備は大規模化し、坑夫親方の手におえず、市民、あるいは国家の設立するところとなっ

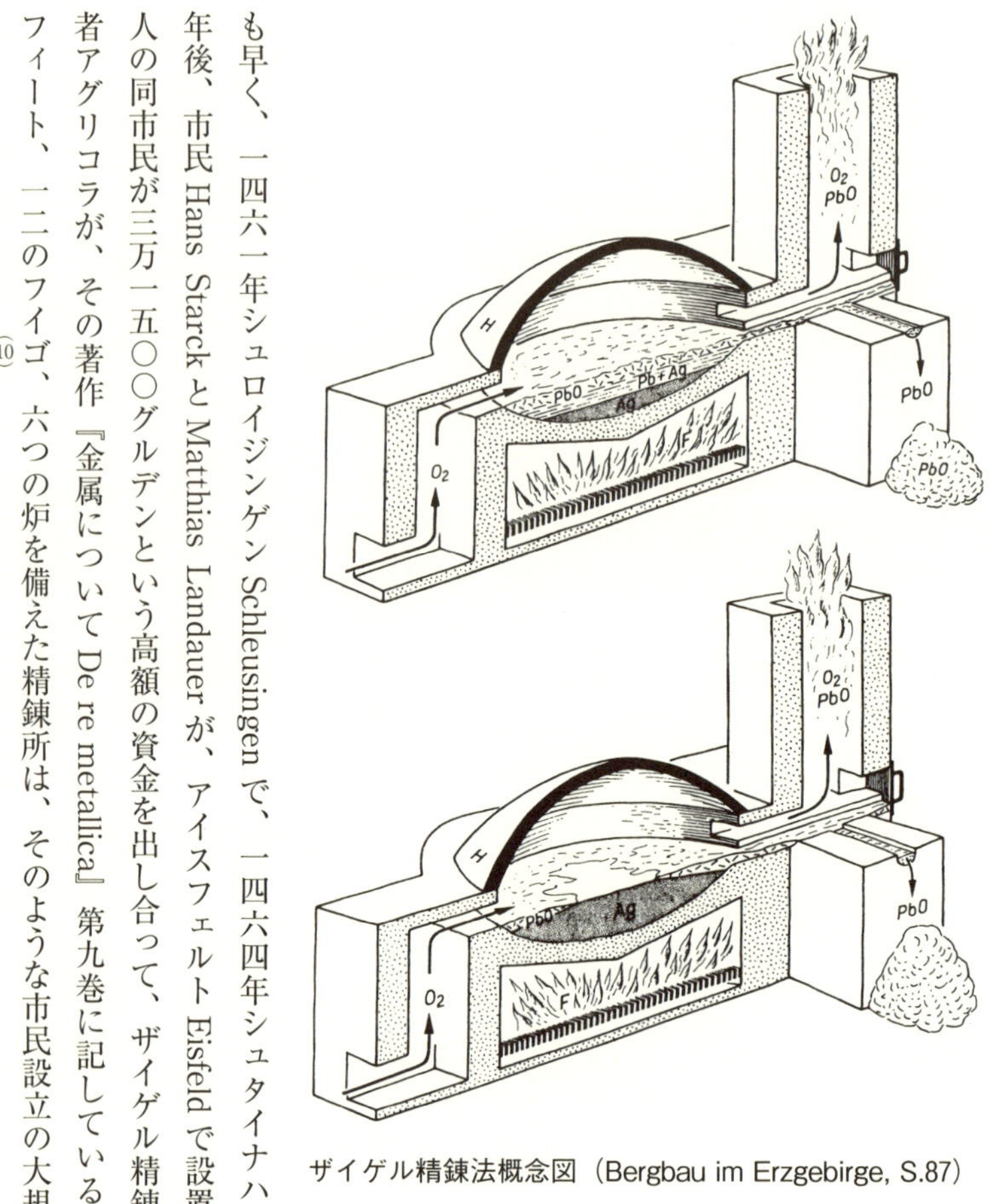

ザイゲル精錬法概念図（Bergbau im Erzgebirge, S.87）

た。ちなみに、この精錬法に関する最古の記録は、一四五三年、ニュルンベルクのフラウエン門前の精錬所についての文書に、「鉛をもって銅から銀を溶解し分離する方法 ars conflatoria separantia argentum a cupro cum plumbo」とあるのが史料初見である。[8] チューリンゲンの森の中にザイゲル精錬所を設立したのも、すでに一部述べたように、* ニュルンベルク市民がもっとも早く、一四六一年シュロイジンゲン Schleusingen で、一四六四年シュタイナハ Steinach で、設立しており、数年後、市民 Hans Starck と Matthias Landauer が、アイスフェルト Eisfeld で設置している。一五〇二年には、七人の同市民が三万一五〇〇グルデンという高額の資金を出し合って、ザイゲル精錬会社を設立しているが、[9] 鉱山学者アグリコラが、その著作『金属について De re metallica』第九巻に記している、間口五二フィート、奥行五五フィート、一二のフイゴ、六つの炉を備えた精錬所は、そのような市民設立の大規模施設の様相を生きいきと伝えているようにおもわれる。[10]

＊ 第一章二〇頁。

なおザイゲル分離法に欠かせない鉛を、一四世紀半ば、南ポーランド、クラクフを中心とする鉱山地からドイツへ輸入したのも、ニュルンベルクの鉱業家とその商人であり、同じ時期、同市の門閥ウルマン・シュトローマー Ulman Stromer は、ジェノヴァで、ドイツの金・銀地金、銅を売りに出している。*

* W. von Stromer, Oberdeutsche Hochfinanz 1350–1450, Wiesbaden 1970, S.90ff.: Chroniken der deutsche Städte, I (Nürnberg), S. 101, 105f.

Der Ofen zum Verschmelzen der Schlacken A. Der Ofen zum Legieren von Kupfer und Blei B. Tür C. Der in die Erde eingelassene Spurtiegel D. Kupferne Form E. Das Streichholz F. Der Haken G. Das gespaltene Holz H. Der Ausleger des Kranes I; sein Kettenhaken K.

進んだ精錬施設

アマルガム精錬法

一五五七年になると、鉱夫バルトロメ・デ・メディナ Balthoromé de Medina によって、さらにアマルガム法 Amalgam と呼ばれる画期的精錬法が発明された(11)。その大要は、次の如くである。まず銀含有鉱石を石臼の中で、あるいは砕鉱機で砕く。この鉱石粉末を、石板を舗いた混汞(こんこう)場 patio の上にひろげ、これを直径一〇〇フィート、厚さ二フィートの円盤状の塊（トルタ torta）にしたのち、塩、硫化銅の粉末を混入する。塩の混入率は、鉱塊一キンタール（一 quintal＝四六 kg）につき、二・五ないし三ポンドである。その後、トル

表13　水銀生産地・生産量（単位：トン）

生産地	生産量計算開始年	1700年まで	1700–1800	1800–1850
Idria（オーストリア）	1525	19, 759	21, 002	8, 357
Almadén（スペイン）	1564	17, 860	42, 141	37, 642
Huancavelica（ペルー）	1571	30, 424	18, 756	2, 608

タ当たり一〇ないし一二ポンドの水銀を、人力あるいは驢馬によって踏み込み、混入する。鉱塊の中で起きる反応によって、ペースト状の汞和銀（こうわ）が生じ、この汞和銀を水槽の中で絶えず撹拌しながら洗浄し、夾雑物を流し去り、残った汞和銀を蒸留によって、銀と水銀に分離するのである。この方法によると、混汞過程に一〜三週間を要し、使用した水銀の一〇〜二〇％を失う、という欠陥があるが、高地の低温地帯でもおこないうること、木材を必要としないという利点があり、新大陸、とくにペルーでの銀生産にとって決定的な意義をもつものであった[12]。

水銀の生産量

これと関連して、一六世紀の水銀生産地・生産量を示せば、表13の如くである[13]。

水銀の採掘方法

ついでに水銀の採掘方法にも触れておこう。水銀鉱石は、銀と異なって、塊状（フルトhurto）をなしており、このフルトにハンマーとノミとで適当な長さと深さの溝を掘り、そこへ多くのクサビ状の鉄板を差し込み、こじるようにして鉱塊を取り出す。フルトの重さは二〇〜一〇〇〇ツェントナーもある。塊はその場で砕き、地上に搬出される。それをさらに粉砕し、濡れた黒灰とまぜ、陶器の皿に入れ、粘土で密封して、炉に入れる。炉には皿の形に応じた穴が一八個明けられており、皿を穴の上におく。炉を密閉し、夕方点火し、高熱で一二時間熱する。すると水銀蒸気が上り、流動体となって皿の中、あるいは灰の上にたまる。炉が冷えてから、皿を取り出し、鉄匙ですくい取り、水で洗滌する、という手順である。*

＊ この工法での失費は、大量の陶器皿を消耗することだけで、水銀溶鉱炉の横には陶器工場があり、常時四〜一二人の職人が働いていた。スペインの場合、水銀溶解費は一ツェントナーにつき二五〇マラベディス Maravedis（＝八ドゥカーテン Dukaten）、借地料金その他で六ドゥカーテン、水銀の売価は二〇ドゥカーテンであったから、純益は一ツェントナーにつき六ドゥカーテンあった。Häbler, S.99f.

なお、純度五〇％をふくむ良質の水銀には硫黄をまぜて加熱し、辰砂（しんしゃ）Zinnober を作る。辰砂は赤色顔料の一つであるヴァーミリオンとして彩色・染色・釉薬（ゆうやく）・脂粉に用いられ、他の赤色顔料（紅柄）に比べて、隠蔽力大で珍重された。

イドリア水銀鉱[14]

イドリアの水銀採鉱は、一四九〇年代に開発されていたが、一六世紀初頭には、すでに多くの経営者の連合から成る二つの経営体によっておこなわれ、一五二五年以来、その独占的販売権を握ったのは、アウクスブルクの豪商の一人ヘッヒシュテッター家 Höchstetter であった。同家は、ハプスブルク家の宮廷と密接な連携を保ち、アントヴェルペンでの代理人ラザルス・トゥッファー L. Tucher（ニュルンベルク商人）を通じて、二〇万グルデンの融資に対し、水銀三五万七〇〇ポンド、辰砂六万七六〇ポンドの独占販売権を付与してほしい、という申し入れをした。アマルガム法がまだ発見されていない当時、豊富な水銀をみずから販売しなければならない政府としては、願ってもない申し入れであり、これを了承し、こうしてヘッヒシュテッターはイドリア水銀販売の独占権を入手した。しかし、販売は思うようには進まず、またこれまでの無理な経営が祟って、一五二八年、破産に追い込まれた。＊

＊ Ehrenberg, S.208.

アルマデン水銀鉱

破産に追い込まれる以前に、ヘッヒシュテッターは、水銀独占の地位をさらに強化しようと、スペインのアルマデン水銀鉱山をも入手しようと試みた。[15] しかし、同鉱山については、フッガー家が早く手を回しており、ヤコプ・フッガーは、一五一九年カール五世への皇帝選挙資金拠出の担保として、カラトラバ、アルカントラ、サンティアゴの三大騎士修道会の地代徴収請負権、いわゆるマエストラスゴ Maestrazgos とともに、アルマデン水銀鉱の経営請負権を押さえていた。[16]

フッガー家のアルマデン契約は、一五二五年一月一日に始まり、同家は、ティロルの鉱夫を招いて、大々的に開発に着手した。その後、三年間で二二〇万マラヴェディス Maravedis の利益を揚げたといわれる。ヘッヒシュテッター没落後、一五二九年以来、イドリア水銀鉱が低迷する間、フッガーは、一五二八年から一〇年間は、同じ豪商のウェルザー家と共同して、アルマデン水銀鉱山の経営を請け負い、一五三八年からは単独で経営を請け負っている。この請け負いは、途中の四年間を除いて、一五五〇年まで続いた。水銀は、アマルガム法発見までは、主として染料の原料として用いられ、フッガーの入手した水銀は、アントヴェルペン、マルセーユ、ヴェネツィアに送られて売られた。[17]

一五五〇年、坑内失火の火災で、アルマデン鉱は事業を中断し、他方、新大陸からの水銀に対する需要がとみに高まるにつれて、スペイン政府は鉱山の官営を企図し、一五五一年現地下請負人の名目でなされていたフッガーと政府間の鉱山経営契約は、一五六〇年一旦打ち切られた。しかし、アルマデンの復興は、フッガーの力なしにはおこない得ないと悟った政府は、一五六三年再びフッガー家と経営委託契約を結び、これは一五七二年まで続いた。ポトシ銀山（一五四五年発見）をはじめとする、巨大な量にのぼる新大陸銀の現地での精錬は、一五七〇年フアンカヴェリカ水銀鉱山の開発までは、一五六三年に再開されたフッガー家生産のアルマデン水銀なしには、円滑にはおこない得なかったのである。[18]

なお、スペインで一五五五年、ガダルカナルGuadalcanalで銀山が発見され、政府はすすんだドイツの鉱山技術を採用、地元民に習熟させるために、さしあたってフッガーに経営をゆだねたが、ほぼ習塾したとおもわれる一五六一年、政府は契約を解除し、五年間のフッガーの労苦に対する代償として、三四万ドゥカーテン（年利子六・二五%）の年金証書を引き渡して、済ませた。スペインで本格的銀山経営を展開しようとしたフッガーの望みは一場の夢と消えたのである。[19]

（1）Hoppe, S.105f.; Köhler, S.26ff. 諸田、前掲書、一一八頁。
（2）Bergbau im Erzgebirge. Technische Denkmale, S.75f.
（3）Agricola, S.130ff. アグリコラには、相当高度なベルトコンベア装置、あるいは、排水ポンプが図示されている。
（4）第二章五二頁をみよ。
（5）Nef, p.461; Bergbau im Erzgebirge, S.87.
（6）フライベルク鉱業法（A）第二三条に、「燃焼炉をもち、かつ一つの坑口にタイルを持つ者はだれでも、入坑すべきではない Welch man waltwerk hat und teil an eyner grube, der sal im dy grube nicht varen」とある。また、シュネーベルク鉱業法（一四九二）第一三条、シュレッケンベルゲSchreckenberge鉱業法草案（一四九九／一五〇〇）第八四条に、「鉱区頭 vorsteher einer zeche は、鉱山支配人 berckmeister とともに、精錬施設の長、ならびに同書記を任命する」とあるのは、フライベルクの延長物であろう。Ermisch, S.19, 107, 139; Schmoller, S.977.
（7）Nef, p.463; Bergbau im Erzgebirge, S.86. これによって、一ツェントナー（=五〇kg）の黒色銅から一七、ないし一八ロット（Lot、銀特有の重量単位、純銀一マルクから一六ロット）の銀が得られ、この量の銀は当時の価格で一一グルデンしたといわれる。Paterna, I, S.34.
（8）Lexikon d. MA., Bd.1, S.1712.
（9）Nürnberg-Geschichte einer europäischen Stadt, hrg. von G. Pfeiffer, München 1971, S.177.
（10）Agricola, S.310ff. 邦訳書、三一九頁以下。
（11）アマルガム法については、近藤仁之「水銀アマルガム法、水銀供給源、及び〈価格革命〉」（『社会経済史学』第二五巻二・三号、一九五九年）一三〇頁をみよ。

（12）Sombart, I/2, S.494.

（13）Sombart, I/2, S.574f.；K. Häbler, Die Geschichte der Fugger'schen Handlung in Spain, Weimar 1987, S.98ff. なお、アルマデン水銀鉱は深く（平均一五〇クロフター klofter＝三〇〇メートル）、坑内の出水に苦しみ、梯子を十段構えに置き、各段に五人の人夫を配置して、五交替制で揚水に当たったといわれる。Häbler, S.98 Anm.

（14）イドリア水銀鉱山については、北村次一「オーストリア水銀業における初期独占」（『社会経済史学』第二五巻五号、一九五九年）がある。イドリア水銀は、新大陸に送られ、銀精錬にも用いられたが、量的にはさほどではなかった。近藤、前掲論文、一三二頁。

（15）Strieder, S.292ff. シュトリーダーは、一五二五年の皇帝のトレド勅令が、直接的にはフッガー家とともに、ヘッヒシュテッターの水銀鉱独占を擁護しようとしたものであった、としている。Ibid., S.299f. なお、ヘッヒシュテッター家については、R. Ehrenberg, Das Zeitalter der Fugger, 2. Aufl., Jena 1920, I, S.212–217. をみよ。

（16）フッガー家のスペインでのマエストラスゴについては、Häbler, a.a.O., S.42ff. 諸田実『フッガー家の時代』（有斐閣、一九九八年）一〇四頁以下に詳しい。

（17）Häbler, S.91–96；Strieder, S.304f., 308f.；Pölnitz, I, S.549, II, S.530f.

（18）Häbler, S.104ff.；Strieder, S.318ff.

（19）Häbler, S.110f.

第五章　領邦国家と鉱山

銀山は、領邦国家にとって、重要な財源であるとともに、国家の威信を象徴するものであった。

財源としての鉱山

フライベルク鉱業法（A）、第九条に「銀は、フライベルク造幣所に属するDas silber gehort yn dy muncze czu Friberg.」[*]とあるように、銀は原則として国家に属するものであり、そこから様々な財源が生ずる。まず鉱区設定によって、レーエン保持者の坑口から入る「賦役部分」（採掘量の三分の二）の納付、これはのちには、一般的には十分の一税へと減少していく。次に、国家による産出銀の先買権がある。[(1)]すなわち、銀地金は国家により時価よりは相当廉価に買い上げられ、造幣所に納入される。そして、そこで貨幣として鋳造され、流通へと出されていくが、この銀地金購入金額と造幣金額の差が、国家にとって大きな収入となり、これを《銀買い上げSilberkauf》、あるいは《請け戻しLösung》という。また造幣人Münzmeisterからは、《刻印料Schlagschatz》と称する造幣特許料が徴収された。[(2)]

＊　Ermisch, S.6 U.XXXⅧ.

その収入額をみると、シュネーベルクの場合、十分の一税徴収官マルティン・レーマーMartin Römer[(3)]――ツヴィッカウ出身の市民であるが、銀問題に通暁しており、君侯の信頼のもっとも厚い人物であった――が、一四八三年までの、一三年間の十分の一税額として、二四万六七八六グルデンを納付しているが、同期間の「銀買い上

表14　アルベルト系ザクセン大公国の財政収入（fl.＝グルデン）

年代	行政管区全収入	鉱山収入	両者の比率
1488-1497（年平均）	22,732 fl.	9,645 fl.	67：33
1534／35	34,709 fl.	28,000～29,000 fl.	55：45
1536／37	26,634 fl.	58,061 fl.	32：68
1537／38	27,128 fl.	87,722 fl.	24：76

表15　エルネスト系ザクセン大公国の財政収入（fl.＝グルデン）

年代	行政管区全収入	鉱山収入	両者の比率
1535／36	31,753 fl.	52,103 fl.	38：62
1536／37	38,036 fl.	60,119 fl.	39：61
1537／38	38,482 fl.	81,802 fl.	32：68
1540／41	42,893 fl.	80,678 fl.	35：65

げ」は二八万二九六七グルデン、「刻印料」は七万九一〇グルデンに上った。総計六〇万六二五グルデンとなるが、この間の銀生産量は三五万二七三八マルク、時価に換算すると二四七万一〇一六グルデンにたっし、つまり、そこから二四％が税金として徴収されていた訳である。シュネーベルクにおけるこの収奪率は、その後あまり変わっていない。すなわち、一五三七／三八年については二二％、一五四〇年には二〇％、一五四一年には二一％と計算されており、他の鉱山の場合も、同様であったと指摘されている。[4]

両ザクセン大公国の場合

では、こうした鉱山収入が領邦全収入の中で、どのような位置を占めるのであろうか。いま、フライベルク、シュネーベルクなどエルツゲビルゲ Erzgebirge 銀山群を支配するアルベルト系ザクセン大公国の、行政管区から入る収入と鉱山収入を対比すると、表14の如くである。[5]分家にあたるエルネスト系ザクセン大公国の状態は表15の如くであった。[6]

明らかなように、一五世紀末のアルベルト系ザクセン大公国の全収入のうち、鉱山収入は三〇％を占めていたのに対し、一五三〇年代になると、その比率は急速に高まり、四五％、六八％、そして七六％へと高まっており、エルネスト系の場合には、一五三〇年代、終始、六〇~六五%台を維持しているのである。

一六世紀後半期に入ると、どうであろうか。その時期、選帝侯位を譲られたアルベルト系が、エルツゲビルゲ全鉱山を支配下に収めることになるが、フライベルクの年銀生産高は四千グルデン、シュネーベルクは三〇万グルデン、アンナベルクは八万グルデン、計三八万四千グルデンと評価され、その二〇%を国家収入と計算すると、七万六八〇〇グルデンとなる。*

行政管区全収入を変わらないとみれば、鉱山収入は、依然として、ザクセン選帝侯の全国家収入の七五%を維持していたといえるのである。

＊ シュモラーによれば、一五八二年、選帝侯領での補助金を差し引いたのちの十分の一税額は、三万四千グルデンであったという。これに、他の銀山をもふくめた「銀買い上げ」収入（推定三万四千余グルデン）、「刻印料」収入（推定八千余グルデン）を加算すれば、本文のような鉱山収入金額となる。Schmoller, S.968 Anm.3.

君主の貧困坑口の救済策

ここには、君主所有の坑口からの収入、鉱山株収入は入っていない。しかし、君主の株所有は、破滅寸前の坑口経営の救済の意味ももっていた。一五八〇年のザクセン選帝侯所有の坑口は、シュネーベルクでは、フルステンストーレン Fürstenstollen 鉱区での持ち分二九株など一〇三株に過ぎなかったが、フライベルクで一〇九〇株、アンナベルクで二三六株、その他で、合計二八二二株をもっていた。[7] 当時、シュネーベルクはまだ全盛期にあったのに対し、フライベルクは停滞期に入っており、破滅に瀕した坑口の救済をかねて、多くの株を購入せざるを得なかったようである。選帝侯は、保有株数を減らして、年間一万グルデンの補助金を四千グルデン程度に減らしたいと嘆いたといわれる。[8]
すでに触れたように、鉱山の産出には大きな波があり、嵐のような好景気があるかと思えば、たちまち鉱脈の枯渇が生じ、不景気がおとずれる。とくに竪坑採掘の進展とともに、出水の脅威がたかまり、排水のための施設、ならびに労力に対する費用がとみに高まることになる。そのため、鉱山をそのまま維持していこうとおもうならば、補助金を出してでも、これを支えねばならない。

鉱山があるということは、国家の富の象徴であり、実際に、鉱山は多くの雇用を創出し、都市をつくり、経済に活気をもたらすものであった。経済の活気を維持し、国家の威信を保つためにも、国家は、その所有する坑口、あるいは株（持ち分）に対して、高額な「補助金 Zubusse」、あるいは「支持資金 Steuer」[9]を支出し、また他の株所有者にも、それぞれの坑口に相当額の「補助金」出資を義務付けた。そうまでしてでも、鉱山経営は支えられねばならなかったのである。

貧困坑口への補助金制度

銀山において、鉱脈が乏しく、補助金を必要とする坑口がいかに多いか、ということは、すでにヨアヒムスタールの例――全坑口中、「補助金付き坑口」は七割から八割にたっした――からも明らかであるが[10]、ザクセンのシュネーベルク銀山の場合、ザクセン大公国は、一五世紀末、一四五の坑口について、一株当たり二グロッシェンから六グルデンの補助金を、近隣のクラウスベルゲ Klausberge とシュトラスベルゲ Strassberge 両鉱山で、四一の坑口に、二グロッシェンから一グルデンの、ミュールベルゲ Mühlberge 鉱山では、八一の坑口に、二から一〇グロッシェンの、いずれも一株当たりの補助金を支出しなければならなかった。そして、一四九九年の記録によると、三三の坑口について、三万八二四五グルデンの補助金が支出されたのに対し、銀産出量は二万五三八〇マルクであったという[11]。当時の銀一マルクの市場価格は八～七グルデンであったから[12]、産出銀の総価格は二〇万三〇四〇～一七万七六六〇グルデンとなり、差し引き一六万五千～一四万グルデンの利益が生じたことになる。ここから、賃金、精錬費用、十分の一税、ないし二十分の一税――ガイヤー Geyer 銀山では、二十分の一税が課され、もっと貧困な坑口については、最低として、二九分の一税が課された[13]——などを引き去ると、収支は見合ったものになり、これらの坑口からは、余剰利益は望めなかったのである。

ザクセン鉱山の事実上の官営化

国家は、補助金を出しても、そうした赤字の坑口の経営を維持したが、とくに精錬所については、これを次第に官営に移していった。官営に移していったのには、そこで十分の一税、「刻印料」といった諸税の徴収が容易であったからである。フライベルクの場合をみると、一六世紀までに存在した一二カ所の造幣所中、一五五〇年頃にObere Muldner Hütteが選帝侯によって買収されたのをはじめとして、一六〇〇年前後に四カ所、一六世紀末に一カ所買収されている[14]。一七世紀初頭、ブラウンシュヴァイク大公も、ゴスラールの全溶鉱炉を国有化している。なお、シュネーベルクの銀は、最盛時、ツヴィッカウZwickauで精錬されていたが、そこの造幣所は全部の銀を処理する能力がなく、余分な銀は自由に売却することが鉱夫たちに認められた*。

＊ Schmoller, S.978.

鉱山局の設置

そうした事業を遂行するためには、正確な記録が必要であり、一四六六年、フライベルク担当のほかに、他のエルツゲビルゲ諸鉱山担当の鉱山局が設けられたのも、そのためであった。ここで、採掘申請、坑口貸与認可、貸与の期間、鉱山に関するあらゆる取り決め、契約、鉱山監督官の決定をはじめとして、「営業者」すべての名前、持株主の名前、その株の移動などが、細大もらさず記録された。「記録されないものは、無効」（アンナベルク鉱業法、一五〇九年、第一二条）とみなされた[15]。

鉱山管理の官僚組織

さらに鉱山監督の官僚組織が整備されてくることになる。すでに一四世紀初頭のフライベルク鉱業法（A）制定のとき、鉱山支配人、十分の一税徴収官、造幣所長、鉱山裁判官などの官僚が任命されていたが、シュネーベルクでの銀産出がにわかに高まる一四七七年、領邦国家の鉱山管理も本格化することになる。[16] 一四八五年、ザクセン大公国が、アルベルト系とエルネスト系に分かれたときも、鉱山管理は、さしあたって共同管理とされ、二重の管理官が任命された。これが解消して、エルネスト系一本の管理体制になるのは、一五三三年のことである。[17]

一六世紀初頭のザクセン鉱山管理の官僚組織をみると、大体、次のような編成を取っていた。すなわち、最高位は、一人の鉱山長官 Berghauptmann である。次いで各一人の鉱山支配人 Bergmeister、鉱山書記 Bergschreiber、鉱区台帳書記 Gegenschreiber、一人ないし複数の十分の一税徴収官 Zehntner、各一人ないし複数の精錬所長 Hüttenreiter、銀灰吹き人 Silberbrenner、品質鑑定人 Probierer、境界計測員 Markscheider、四〜一〇人の参審人 Geschworenen などから成っていた。これらは、純粋な官吏であり、一五六一年のヨアヒムスタールでは、総数五九人に達し、その総給与は九二一七ターラー、一人当たり一五六ターラーにのぼった。[18]

長官は、大体、貴族出身者であったが、鉱山支配人の補佐を受けて、会計検査、収支の遅滞の処理、補助金徴収を監督し、精錬所の新設、「坑夫集会」の是非を決定し、鉱山への灯明用獣脂や鉄材の売却を点検し、争いに決裁を下した。鉱山支配人は、いわば専門技術官であり、大きな権限としては、鉱区貸与の認可権があり、そのさい支払われる手数料が同支配人の収入の一部をなした。認可後は、坑内に入って採掘の模様を視察し、坑道が接近しすぎていないかどうかを検査した。そうしたさい、彼は、参審人によって補佐された。最高決定権は、長官と鉱山支配人と参審人の、毎週水曜日一二時―一時の間にもたれる会議にあり、書記がそれらを細大漏らさず記録した。[19]

鉱区台帳書記は、一四七七年シュネーベルクではじめて登場してくる役職であるが、鉱山から入ってくる国家収入を記録し、とりわけ株購入者・売却人を正確に記録し、タイル保持者の現状をしっかりと把握しておくのが任務であった。その基礎資財台帳のことを《Gegenbuch》と呼んだ。十分の一税徴収官の方は、一三世紀からある古い役職で、税徴収とともに、特権領主の先買権を十分に行使して、全鉱産物を、坑口毎の産出量を記録する係Austeilerを経て、精錬所に引き渡し、毎週、造幣所から現金を受領して、坑口責任者に支払った。彼は、鉱山の運営の中枢人物であり、ツヴィッカウ市民で商人でもあったマルティン・レーマーなど、鉱区経営の経験をもつ練達の人が任命された。一体に、鉱山支配人以下の役職者は、鉱夫経験を経て、上昇した人物が多かったのである[20]。

鉱区長と坑夫支配人

しかし、鉱山の日常運営においてより重要な役割を果たしていたのは、鉱区長Schichtmeister、坑夫支配人Steigerであった。鉱区長は、元来、坑口経営者出身であるが、当局によって、二ないし六つの鉱区の管理を命じられた人物である。彼は、坑夫支配人の同席のもとで、毎週、坑夫に賃金を支払い、坑夫支配人とともに、毎日入坑する労働者の数を《Rabusch》、すなわち、「割り符」で記録し、獣脂や鉄材の使用量をチェックし、坑夫世話人Hutmannとともに、坑夫との仕事の契約をした。坑夫と契約が折り合わない場合には、参審人二人を呼び寄せて、折衝した。鉱区長は、また四半期毎に、管理する坑口の収支決算書を作成し、もし、決算の結果、次期の坑口経営の資金に不足する場合には、鉱山支配人に補助金支給を要求した。この決算書は、春秋二回、後述する八人からなる監査委員会に提出された[21]。

じつは株取得によって部外者が坑口経営権を取得するようになると、無知によって鉱山経営に大きな被害を出したので、当局は、一四七七年、名目的な鉱区長をすべて免職し、「実直で、敬虔、かつ鉱山を熟知した人物ein redelicher frommer bekanter man」を、鉱区長に任命したのであった[22]。彼は、鉱山の土地を離れてはいけないし、各坑口につき、週給四グロッシェンから一グルデンの給与で満足すべきである。彼はその活動をすべて鉱山の改善に捧げるべきであり、したがって、彼は、坑夫支配人と同様、ビール飲み屋を開設しても、坑夫たちを搾取するような高価を取ってはならなかった。彼は、上述のように、かなり高度な読み書き、簿記の能力が要求された訳であるが、能力を備えていない者もあり、その場合には、彼は書記を雇ってよかった。ただし、その費用は、自己で負担しなければならなかった[23]。

坑夫支配人は、鉱区長に下属し、その任務もほぼ同じであるが、坑夫の入坑にさいして、道具類や灯火を手渡しするという義務があり、坑夫たちにより密着した関係をもっていた[24]。

鉱区長と坑夫支配人は、ともに、下請け坑夫を含めた「ゲヴェルク」の推挙を受けて、任命されたので[25]、彼らはときに「ゲヴェルク」の要求を代弁する役割を担った。個々の「ゲヴェルク」の集会、すなわち、伝統的な全員集会では、鉱区長の収支決算の検分が主要な課題になり、これは、「ゲヴェルク」共通の問題であったが、そういう機会に、全山集会が要求されることがあった。領邦君主の側から、制度の改変承認を求めて、招集が要請されることもあった。そうした場合、招集者は鉱区長がなり、遠隔地に住む「ゲヴェルク」所有者に、出席するように、あるいは、代理人を立てるように、という掲示が各地に送られた[26]。そうして、こうした集会は、ときに下部労働者の不満をぶちまける機会となったのである。それについては、次章で触れよう。

（1）第二章五一頁。
（2）Laube, S.78f.
（3）マルティン・レーマーについては、Hoppe, S.25f. 諸田、前掲書、八四頁以下をみよ。
（4）Laube, S.79f.
（5）Ibid., S.81.
（6）Ibid.
（7）Hoppe, S.63.
（8）Schmoller, S.968. 諸田、前掲書、八一頁。
（9）Schmoller, S.966；Hoppe, S.68. Steuer（租税）は、元来、stützen（支持する）から由来した語である。

(10) 第二章四九頁表12をみよ。
(11) Hoppe, S.114 Anm.32.
(12) ザクセンにおける同時期の銅市場価格については、Laube, S.79f. Anm.174.
(13) Hoppe, S.114. なお、当時の貨幣体系は1 altes Schock = 20 Groschen, 1 fl. = 21Gr, 1 Gr. = 12 Schilling であった。Hoppe, S.31.
(14) Schmoller, S.978；Freiberger Bergbau. Technische Denkmale, S.78f. Schmoller, S.969.
(15) Ermisch, S.168；Schmoller, S.988.
(16) Ermisch, S .CLⅢff.；Hoppe, S.52f.；Laube, S.52f.
(17) Hoppe, S.17f.
(18) Schmoller, S.1021, 1025.
(19) Schmoller, S.1022；Hoppe, S.33ff.；Laube, S.54ff.
(20) Schmoller, S.701, 709, 1023f.；Hoppe, S.52ff.
(21) 鉱区長については、シュレッケンベルゲ Schreckenberge 鉱業法草案（一四九九／一五〇〇）の§13-33に、詳しく規定されている。Ermisch, S.119-124；Schmoller, S.994-1000；Laube, S.57. 監査委員会については、第六章八六頁をみよ。
(22) Ermisch, S.84. シュネーベルク鉱業法（一四七七）§2.
(23) Ermisch, S.123. §29.
(24) Ermisch, S.128ff.；Schmoller, S.37f.；Laube, S.58. ただし、鉱区長と坑夫支配人は兄弟、あるいは伯父・甥の関係にあってはならなかった。
(25) Ermisch, Ⅵ§4（S.104), Ⅷ§23（S.122), Ⅹ§15（S.169).
(26) Hoppe, S.77.

第六章　ザクセン諸鉱山への大資本の進出

鉱山業は、開始後、まもなく総合的大型企業になる必然性をもっていた。深い竪坑での採掘、排水横坑の設置、排水設備の建設とその維持、精錬施設の大型化、そうしたものが巨大な資本の投下を要求し、また、中世末期にはそれに応ずるところの資本が形成されていた。とくにニュルンベルク、アウクスブルクの商人たちを中心に、莫大な資本が蓄積され、彼らは新しい投資の対象を探していた。こうして両者の動向が一致して、大資本が鉱山業に進出してくることになる。

この進出の仕方は、ザクセンとティロルでは大きく異なっていた。すなわち、ザクセンでは、坑口に多数の持分権が設定され、それが鉱山株として、市場で流通し、その取得によって資本家が直接、鉱山に係わっていく道が主流をなしたのに対し、ティロルでは、鉱山特権の所有者である領邦君主の財政難、それに対する融資、その見返りとしての鉱産物の先買権の取得という方法によって、間接的に資本が鉱山に関与していく道が中心をなした。

ザクセン鉱山株の状況

まず、ザクセンから見ていこう。すでにある程度見てきたように、坑口には多数の持分権＝株 Kux が設定され、とくに銀山の場合、その数が非常に多いということを示唆してきたが、その典型的な例がシュネーベルクについてみられる。いま、一四七八年に設定された同鉱山の鉱区当たりの株数をみると、表16の如くである。[1]

また、その一株当りの評価額を示せば、表17の如くである。[2]

最も評価の高かったのは、二四〇〇グルデンの「Alte Fundgrube」と「Rechte Fundgrube」の二坑、次いで一

表16　シュネーベルク鉱山の株数

	鉱区数
株数 128 の鉱区	87
136	1
256	50
384	12
512	2
640	1

表17　シュネーベルク鉱山の株評価額（単位：G.＝グルデン）

一株当り評価額	鉱区数
20– 5G.	88
50–25	21
80–60	16
140–100	7
150	1
200	8
300	3
400	2
600	1
800	2
1500	2
2400	2

五〇〇グルデンの「Fürstengrube」と「St. Georg 坑」の二つである。Alte Fundgrube の場合、二四〇〇グルデンの株一三六株が発行されているのであるから、坑口の評価は三二万六四〇〇グルデンと評価されている訳である。Fürstengrube の場合は、二四〇〇グルデン×一二八株＝一九万二〇〇〇グルデンの評価である。[3] これらの富裕鉱区では、いくら株価が高価でも、株購入者たちにとっては、十分見合うだけの利益が保障されていたのであろうが、最貧困鉱区の株価は、実際にはもっと低かったのではないかとおもわれる。

こうした鉱山株は、高価であるが故に、売りに出された場合、購入したのは主要には教会諸団体、貴族、都市参事会、富裕市民たちであった。とくにライプツィヒ市参事会は積極的で、一四七二―一五三五年の間に、シュネーベルクだけで坑口六五カ所、株券二八六枚を取得している。* 株購入により取得された坑口には、それぞれ独自の名前が付けられた。たとえば騎士坑とか、領主坑とか、市参事会坑などである。なかにはツンフト員たちが、仲間同士、金を出し合って株を購入している場合があり、たとえば、ブフホルツ銀山では「パン屋組合坑」「肉屋組合坑」「風呂屋組合坑」などの名称が見える。**

* Laube, S.125.
** Werner, S.123.

鉱山株の売り出し

一五三五年、シュネーベルクで、ある坑夫が、銀を含有する赤色粘土をもって、採掘権の買い手を求めて、鉱山長官クルーゲ Kluge に伴われて、ツヴィッカウ、ケームニッツ、フライベルクを歴訪したという話が伝わっているが、[4] 初期には株はこうした形で売り渡されたのであろう。その後、鉱山株の相場表 Kurszettel が生まれ、仲買人 Kränzler が地方を飛び回ったといわれている。[5] 買い手としては、前述のツヴィッカウ商人で鉱山支配人を兼ねたマルティン・レーマーをはじめとして、ツヴィッカウ、ケームニッツ、フライベルクなど、近隣都市の市民だけでなく、ニュルンベルク、ライプツィヒ、エルフルト、マクデブルクといった遠方の都市にまで及んでいる。一四七九年の一史料によれば、鉱区長の提出した清算書——銀の引き渡し収入、受領した補助金と、支出した賃金、諸経費の収支を記録したもの——を監査するための委員会には、上記の六都市の代表のほか、教会団体、貴族の代表各一人の参加が求められているのである。[6] こうした遠方の出資者は、シュネーベルク、あるいはツヴィッカウに代理人 Anwalt を置いていたものとおもわれる。[7]

大型銀精錬設備の設置

外部資本の坑口への投資は、それによって坑内が拡張されて作業が容易になり、排水装置の改善によって作業の継続が保たれ、それらによって生産性が高められる意義をもっていたが、彼らがもっと威力を発揮したのは、精錬設備の分野であった。ザイゲル精錬法が導入されると、大資本なしにはそれらを設置することは不可能であった。一五世紀後半から、大型のゴスラール銀・銅の分離・精錬について、ニュルンベルク富裕市民の合資によって大規模な精錬設備が出現したことは、すでに触れてきたところであるが、[8] 一六世紀のエルツゲビルゲ諸銀山内の精錬施設をみると、次の通りである。*

設置者	設置場所
Ulrich Lintacher（ライプツィヒ市参事会員）	アンナベルク
Jacob Krell（ライプツィヒ市民）	フライベルク
Hieronimus Lotter（ライプツィヒ市長）	ガイヤー、エーレン
Hans Unwird（アンナベルク十分の一税徴収官）	フリーダースドルフ
Andreas Scheib（レスニッツ市参事会員） Heinrich von Elternlein Moritz an Steig	バイエルフェルト
Georg Österreicher Ulrich StengeLu（アウクスブルク市民）	グリュンタール
Reitwieser（ライプツィヒ） Barthoromäus Steck（ザンクト・ガレン） Georg Neusesser（ヨアヒムスタール）	ヨアヒムスタール
Welser（アウクスブルク） Schütz（ケームニッツ）	ケームニッツ
Veit Wiedemann（ライプツィヒ市参事会員）	オーバーシュレンマ
Gaulenhöfer（ツヴィッカウ市民）	シュネーベルク
Franz Tucher（ニュルンベルク商人） Lenhardt Thoma（ニュルンベルク）	ドロステ（ボヘミア）**

そのほか、Wilwald Plamck、彼のあとを承けて、Urlich Rotmund なる者が、一五〇〇年頃、鉱石粉砕のハンマーを所有しており、あるいは、ニュルンベルク、アウクスブルク、ライプツィヒの錫商人が、共同で錫溶鉱炉を経営していた。一六世紀後半になると、ザクセン選帝侯アウグストは、ほとんどすべての私有精錬所を買収し、その代わりとして、新しい溶鉱方法を適用した精錬設備を建てているのである。***

＊　Werner, S.125f.
＊＊　ドロステ鉱山からは、年々三〇〇〇ツェントナーの銅が精錬・創出された。Werner, S.126.
＊＊＊　Werner, S.126f.

またザクセン銀は、すべてが造幣で消費された訳ではなく、それを上回るものは商品として、広く売りに出された。たとえば、既述のマルティン・レーマーは、十分の一税徴収官とともに、「銀買い上げ」も担当したが、彼がフランクフルトやヴェネツィアに丸屋根店舗をもち、銀板を展示していたことは確実といわれている。また、一四八五―八九年、ザクセン大公は、ニュルンベルクに銀販売店をもっており、シュネーベルク銀の三分の一が商人アンドレアス某を通じて売りに出されていた。(9)また、レーマーは、一四七〇年頃、ケルン市でも大量の銀を売却している。(10)

銀精錬用鉛のザクセン国家独占

なお、銀以外の鉱石として、銀精錬用の鉛が注目されるが、それは、主としてゴスラール、次いでボヘミア、そして、ポーランドから輸入されていた。(11)ゴスラールからの輸入を担当したのは、一六世紀初頭、ライプツィヒ商人Ulrich Lintacher、Wolfgang Wiedemann、Lucas Straub、Ulrich Rauscher などであったが、のちにはザクセン大公自身がその買い占めに乗り出し、一五五六年にはブラウンシュヴァイク大公と、ランメルスベルク産出の鉛について、ツェントナー当たり四五シュネーベルク銀グロッシェンで全部取得するという契約を結んでいる。ザクセンの精錬所は、国庫貯蔵所から鉛を受け取ることを義務づけられた[12]。もっとも、一五三〇年代から、イングランド、ポーランドの鉛輸入が、ゴスラールのそれを数倍しのぐようになったのではあるが[13]。

ザクセン大公国による錫の独占

また、ザクセンは錫生産においても突出していたが、ザクセンの主な錫鉱山は、Altenberg、Geyer、Ehrenfriedersdorfで、一五四五年、半年の生産量は、一三企業家、一六二六ツェントナーであった*。

＊ Strieder, Studien, S.255f.

錫は、官営の造幣所へ引き渡される銀とは異なって、ブリキ生産、錫食器類生産などの需要先を求めて売られなければならない。そのため大商人が活躍する場となるが、とくにライプツィヒ商人の台頭が著しい。一五二〇年代の商人としては、同市の Michael Puffler、Ulrich Mordeisen、ウェルザー家の代理人 Hieronymus Walter、フッガー家の代理人 Andreas Madstedt が、大量に錫を取り扱った。これに競争したのがニュルンベルク商人であったが、一五二七年ライプツィヒ商人の錫独占の計画は敗れ、ザクセン大公の仲介によって、一五三〇年、両都市商人のあいだに協定が成立した。ライプツィヒ市勃興の背景には、こうした鉛、錫取引の事実上の独占があったのである[14]。

一六世紀後半に入って、ボヘミアで錫独占の計画が立てられた。発起人はフッガーの代理人コンラート・マイル K. Mayr であったが、彼は一五四九年、フッガーの意向に沿って、ボヘミア国王フェルディナント一世に対し、ボヘミアの錫を独占するよう、ついては錫の価格安定のため、ザクセン大公と話し合うように進言した。これは失敗したが、マイルは一五五〇年再度、錫独占を国王に進言し、今度は成功し、一五五三年末まで継続した[15]。

ザクセンにおける銅価格カルテル

ザクセン銀山に進出した外部資本に課せられた最後の課題は、銀・銅精錬・分離で生じた膨大な銅をいかに捌くかという問題であった。まず取られた策は、供給過剰による値崩れを防止するため、供給を制限し、価格の維持の協定、カルテルを締結することであった。ザクセンでこれが典型的におこなわれたのは一五三六年一二月一五日、精銅会社六社のあいだのそれであった。その六社というのは次のものである（ただし、グレーフェンタール社とシュヴァルツァ社とは一つのパートナーを形成していた）。

Siegmund Fürer（ニュルンベルク商人）　グレーフェンタール社
Hans Straub（ニュルンベルク商人）　シュヴァルツァ社
Siegmund Pfinzing（ニュルンベルク商人）　シュタイナー社
Christoph Fürer（ニュルンベルク商人）　アルンシュタット社
Ulrich Rauscher（ライプツィヒ商人）　ロイテンベルク社
Heinrich Scherl（ライプツィヒ商人）　ルートヴィヒシュタット社

いずれの会社もニュルンベルク、ライプツィヒの商人を筆頭においていたことが判る。主な合意事項は次のようなものであった。すなわち、精銅会社各社は一ツェントナー当たりの精錬銅に共通価格を設ける。販売がなされるのは、ニュルンベルク、フランクフルト、アントヴェルペンの各市場とする。ニュルンベルクでは、籤（くじ）によりパートナーのあいだで販売の順番が決められ、各パートナーへの精銅の割当量は二〇〇ツェントナーとする。負債が出た場合には、各パートナーが五分の一ずつ負担する。アントヴェルペンにおける販売方法もニュルンベルクと同じとするが、ロイテンベルク社だけは自由とする。フランクフルトでは、大市ごとに順番に二社が指名され、精銅の販売と鉛の購入をおこなう、などの内容であった。また、各社とも自社の精銅には社章を施し、溶解のさいに他所の銅を加えてはならないなど、品質管理に係わる事項もあった[16]。

こうした合意事項がどこまで守られたか不明であるが、カルテルの中心をなしたのはロイテンベルク社であった。ニュルンベルク市場は、フッガー家の銅の進出があって、カルテル側はこれまで以上の販路拡大は望めず、アントヴェルペンに向かうほかはなかった。アントヴェルペンに運ばれた銅はマンスフェルト産銅の五〇％を占め、そのうち三分の二がロイテンベルク社の取り扱い分であった。同社の一五三二年の会計簿によれば、アントヴェルペンでの売掛金は二六口、一万六〇一〇グルデンであったのに対し、フランクフルトでのそれは四口、五六六六グルデンであったという。その代わりフランクフルトでは、多量の鉛を購入することができ、輸送の帰り荷として歓迎された[17]。

一五三六年二月一一日、大きな変化が訪れる。マンスフェルトの銅山は、伯爵たちの共同管理というこれまでの経営形態を終了させ、五つの系列に五分されたのである。五人の伯爵が五分の一ずつの鉱山の持ち分をもつとともに、溶鉱炉も五分された。鉱山分割の原因はおそらくカトリック、プロテスタントの信仰上の対立が大きかったとおもわれる。経営分割によって、いままで経営を牛耳っていた溶鉱炉親方は実権を失い、伯爵たちの独裁となるが、伯たちも実際の経営経験を持ち合わせておらず、自分たちへの融資に応じてくれる外部商人に経営をゆだねるほかはなかった。いわゆる「銅買い」である。伯たちと契約した者のなかには有能な人物もいたようであるが、所詮は安定性を欠いた契約であり、持続性がなかった。危機感をもった鉱夫たちの烈しい階級闘争もあり、そのうち鉱物資源も尽き、三十年戦争のさ中、一六二二年ついに閉山と決定した。マンスフェルトの輝かしい歴史に幕が降りたのであった[18]。

以上が、ザクセン銀をめぐる周辺資本の動きであるが、ニュルンベルクは例外として、他の都市資本は、いずれも弱小といわざるをえない。それに対して、これからみるティロル銀の場合には、フッガー家を始めとするアウクスブルクの巨大資本が目白押ししており、その進出の仕方もダイナミックである。

(1) Hoppe, S.150–154. より作成。諸田、前掲書、一二三頁。
(2) Ibid.
(3) Ibid., Grube, Nr.33, 106, 1, 73.
(4) Hoppe, S.67f. Anm.11.
(5) Zycha, Zur neuesten Literatur, VSWG. 33/3, 1940, S.227.
(6) Ibid., S.71. シュネーベルクとは対照的、古いだけに、フライベルクの鉱区所有者は、主としてフライベルク、およびその周辺部の居住者から成っていたといわれる。Ibid., S.76.
(7) Ibid., S.76.
(8) 第四章六八頁参照。
(9) Hoppe, S.31.
(10) Unger, Stadtgemeinde, S.68.
(11) Ibid., S.80.
(12) Strieder, S.33.
(13) Ibid., S.250.
(14) Ibid., S.212ff. bes. S.238ff.
(15) Ibid., S.279f.
(16) 谷澤、精銅取引と商業都市、三二四頁以下。
(17) 同論文、三三二頁以下。
(18) 同論文、三二五頁以下。

第七章　フッガーの鉱山進出

第一節　ティロル大公への融資、フッガー、「銀先買い権」を獲得

大公ジギスムントへの融資

先にも述べたように、ティロル、とくにシュヴァーツ銀山の場合、一六世紀初頭まで、生え抜きの土着企業家が健在であり、弱小坑口ならいざしらず、多少とも生産性をもった坑口については、株を手放す企業家はなく、巨大資本も容易には突入できない状況にあった。そこで大資本、とくにフッガー家が突破口の手掛かりとしたのは、ティロル大公の財政難を利用した、「銀先買い権」の獲得という手段であった。

一五世紀後半の大公ジギスムントは浪費家として知られていたが、彼に「銀買い上げ権」を担保として最初の融資をしたのは、一四五六年、アウクスブルク市民モイティンク Meuting 家で、三万グルデンを融資したのが始まりである。(1) さらにティロル銀をめざして、インスブルック政府に接近した者に、同じアウクスブルクの豪商ゴッセンブロート Gossembrot、クーフシュタイン市民バウムガルトナー Baumgartner 家があった。これらに比べれば、フッガーの進出はおそかった。フッガーが鉱山業に乗り出すのは、一四八〇年代初め、ザルツブルクの小鉱山に融資して、坑口を獲得したのに始まり、次いでガシュタイン、ラウリス Rauris、シュラットミンク Schlattming、ロッテンマン Rottenmann の金・銀山にも進出したが、ティロルについては、一四八五年、大公に対する融資家集団に加わったのが最初である。(2)

一四八七年、ジギスムントはヴェネツィアとの戦争に敗れ、一〇万グルデンの賠償金の調達が問題となるが、

ティロル政府は、バイエルン大公の意図を背景にしたバウムガルトナー家を嫌い、結局、フッガーが、賠償金の一部二万三六二七グルデンを引き受けることになり、その担保として、Christian Tänzl、Hans Fueger、Georg Perl、Hans Sigwein、Andre Jaufner の五つの鉱区から出鉱する銀の「先買い権 Wechsel」を入手した。すなわち、フッガーは銀一マルク（市場価格八グルデン）を五グルデンで引き取り、その差額三グルデンが債務の返済に当てられるのであるが、しかし、銀の実際の市場価格は九、ないし一〇グルデンであり、一、ないし二グルデンが純利益としてフッガーの手中に入ったのであった。もちろん、銀地金は全額売りに出されたのではなく、四分の一程度は造幣所に引き渡されねばならなかった。*

＊ そのさいにも、フッガーは銀一マルクにつき、市場価格のほかに、「刻印料」四分の一グルデンを請求した。その結果、フッガーは四〇％程度の利益を得たのではないかと推定されている。(3)

一四九六年の銅シンジケート事件

一四九六年、ヤコプ・フッガーにとって重大な事件が起こった。その前々年一四九四年、フランス王シャルル八世がナポリを目指してイタリアに侵入していた。いわゆるイタリア戦争の勃発であるが、これに対して教皇アレクサンデル六世、ドイツ皇帝マクシミリアン一世、ヴェネツィア、ミラノ大公イル・モーロが「神聖同盟」を結成して対抗していたが、実は皇帝は前年一四九五年に開かれたマインツ帝国議会に縛られて、身動きできなかった。第一、金がなかった。そこでフッガー家に要請して、融資を頼んだが、ヤコプはハンガリー銅の業務発足のため多大の資金を必要としており、単独での融資は無理であると考え、同じアウクスブルクの商人ゲオルク・ヘルヴァート、ジークムント・ゴッセンブロート、その兄弟パウムガルトナーの三人を誘って、合同で六〇万グルデンを融資することにし、一四九六年一月、一万二〇〇〇グルデンの融資がおこなわれた。

担保はティロルの銀と銅——銅が大々的に担保となったのは、これが最初——であるが、そのさい三人が誘致に乗る条件として出したのが、四人のあいだで銅シンジケートを結ぶということであった。ヴェネツィアは年々銅板金三〇〇〇、ないし四〇〇〇ツェントナーをアレクサンドリアで売ってきたが、一四九〇年代に入ってオスマン・トルコの圧力が強まり、ヴェネツィアからの銅輸出が停滞し、一四九六年には同四家の銅九六〇〇ツェントナーが売れ残ったのである。そこで、四家は協約を結び、その貯蔵する銅をヴェネツィアで共同販売する。他の市場で売ってはならないし、また一定の価格以下でも売ってはならないと契約したのである。折からヤコプはハンガリー銅を大量に抱えこむ予定であり、このシンジケートの条件を嫌々飲んだが、他のパートナーはヤコプが破滅することを期待していたようである。ともかく、一四九八年三月一二日、シンジケートは締結され、国王の名において承認された。*

＊　銅シンジケートについては、Ehrenberg, S.91；Strieder, Jacob Fugger the Rich, p.124；S. Jansen, S.81f.；Pölnitz, S.98–104.

銀は大部分が政府財務局に受け戻され、一部が自由販売に付されるのに対し、銅は商社側で販売しなければならない。銅価格はヴェネツィア市場で、一マイラー Meirer（一マイラー＝一〇ツェントナー）四九ドゥカーテンであり、政府側は一四九六年八月一七日、銅二四〇〇マイラー、金額にして一一万七六〇〇ドゥカーテン相当分をフッガー側に引き渡したのであった。フッガーは相当困ったようで、トゥルツォの名前を使っての協定違反の銅売却をおこなったり、教会人からの秘密の利貸しを受けて急場を凌いだようである。

教皇庁とフッガー家

ここで一言、教皇庁とフッガーの関係に触れておこう。フッガー家から教皇庁に送り込まれた最初の聖職者は、一四七一年のメルクス・フッガーであったが、その後が続かず、はっきりと根拠をすえるようになるのは一四九四年のことからである。一四九六年、上級聖職者の就任初穂料、計七〇八四グルデンを代理人として納めている。一一五〇三年、教皇ユリウス二世の選出にあたっては、選挙資金として八四二八グルデンを貸し付けている。[4] しかし、この資金はフッガーから出たものというよりは、金持ちの要路者、たとえばブリクセン司教で枢機卿であったメルヒオール・フォン・メッカウ Melchior von Meckau の預託金を使ったもので、彼は利子付きで二〇万グルデンをフッガーに貸し付けている。他の枢機卿のなかにもこれに倣う者がおり、フッガーはこれらの資金を危機に応じて様々な分野で使った。銅シンジケートの場合も、フッガーが教会人の秘密の資金によって急場を凌いだのは間違いないであろう。[5]

一四九九年一月になると、皇帝はスイスとシュヴァーベン戦争*を戦うことになり、フッガーからの緊急の融資が求められた。三家が期待していた、皇帝のフッガーからの離反どころか、より親密な事態となり、一四九九年秋にはシンジケートは解消ということで終わった。

＊　当時の政治状況については、さしあたって、瀬原『ドイツ中世後期の歴史像』四一五頁以下を参照。

贖宥状問題

一六世紀に入って、一五一五年教皇レオ十世はサン・ピエトロ建立のため贖宥状 Ablass の発行を許可するが、おりから一五一三年、ブランデンブルク辺境伯の次男で、ハルバーシュタット司教のアルブレヒト（二三歳）がマインツ大司教に就任することになった。しかし、彼には教皇庁に納めるべき裁可料一万二三〇〇グルデンをもたず、一五一四年フッガー家から二万一〇〇〇ドゥカーテンの前貸しをうけて支払った。その返済手段として大司教管区内での贖宥状の販売を思い立ち、ドミニコ会士ヨハン・テッツェルをもちいて売り出しをはかった。テッツェルの「お金が金箱の中でチャリンと鳴りゃ、魂（たましい）は煉獄の火から飛び出る」という厚顔無恥な宣伝文句は有名であるが、かたわらにはフッガーの手代がついていて、入金を折半した。この出来事がルターをして宗教改革に踏み切らせたのは周知の事実である。

ティロル大公への融資（続き）

ところで、話をティロル大公への融資に戻すと、一四八八年の融資契約によって判明していることであるが、一二万グルデンの融資に対し、四万マルクの銀が交付され、そのさいフッガーは、週二〇〇マルク、総量一万四〇〇マルクの銀地金を造幣所に引き渡すことを約束している。当時のシュヴァーツの年産額は、一四八六年＝五万二六六三マルク、一四八七年＝四万四四六六マルク、一四八八年＝四万一五八九マルクであったといわれ、フッガーの融資は銀全額を担保としたものであった。* また、その四分の三が銀地金として、ヴェネツィアで売られ、東邦の物産の購入に当てられたのである。

＊ Jansen, Fugger, S.16.

これを最初として、次々とフッガー家のティロル大公への融資が続く。一四八八年三月に五七九二グルデン、同年四月二二六六グルデン、そして、同年六月には、三万プラス一二万、合計一五万グルデンという巨額の融資が契約された。一二万グルデンの融資に対する担保には、およそ四万マルクの銀が必要であり、それはシュヴァーツの年産額に見合っていた。だから、一四八八年の融資契約には、「この期間中、何人（なんぴと）に対しても、銀を担保として設定してはならない」と、但し書きが付けられたのである。(6) そして、フッガーの資金は、大公の宮廷を賄っただけでなく、上下を問わず、官吏たちまでが、給与請求明細書を質において、フッガーの支店から衣類、ワイン、食料品までももらっていったという。(7)

一四九〇年、ジギスムントに禁治産が宣せられ、国王で、ハプスブルク本流に属するマクシミリアン一世が、ティロル大公に迎えられても、事態は変わらなかった。ジギスムントの債務の返済されていない分も含めて、一四九一年三月、フッガーはマクシミリアンに、一二万グルデンの融資を約束し、翌年二月には、さらに毎月一万グルデン、一年間一二万グルデンを貸し付けた。(8) 以下、融資契約の模様を列挙すると、一四九二年一二月＝七万九九二

表18　ティロル大公へのフッガー融資額（単位：グルデン）

年代	国庫収入	うちフッガーの融資分	鉱産物による返済分	融資契約額	国庫支出
1512	285, 679	25, 000	—	25, 000	265, 037
1513	?	24, 000	20, 000	4, 000	?
1516	486, 327	128, 000	72, 000	56, 000	487, 507
1517	233, 055	120, 200	39, 000	81, 200	229, 128
1518	262, 488	112, 303	96, 303	16, 000	258, 907
1519	330, 237	140, 576	75, 576	65, 000	298, 366
1520	256, 656	85, 198	75, 198	10, 000	244, 560
1521	241, 971	80, 549	55, 349	25, 200	223, 571
1522	149, 775	35, 197	35, 197	—	148, 461
1523	?	45, 364	46, 109	1, 265	—
1524	?	67, 607	64, 607	3, 000	—
1525	—	14, 500	787	13, 713	—

〇グルデン（毎月六六〇グルデン）、一四九三年八月＝一万グルデン、一四九四年五月＝四万グルデン、一四九四年六月＝三万グルデンなどとなっている。そのほとんどがシュヴァーツの銀が担保に当てられているのであるが、一四九四年五月の債務については、インスブルック精錬所の銅が担保に当てられているのが注目される。[9]

史家ヤンセンの推定によれば、一四八七年から一四九四年までのあいだにフッガーがハプスブルク家に貸し付けた金額は六二万四〇八八グルデンにのぼり、返済に当てられた銀は二〇万マルク、儲けた利益は四〇万グルデンにたっしたのである。[10] その後も、融資は続き、一五一五年には、貸し付け残額は三〇万グルデンにたっし、シュヴァーツ銀生産は七〜八年分、銅生産は四年分が先取りされて担保に設定されるという有様であった。[11] さらに、一五一二—一五二五年間の、ティロル大公家の収支、フッガー家の融資額の詳細な数字をあげれば、表18の如くである。*

＊　Jansen, Fugger, S.130.

一四七八年の、ティロル大公領の総収入をみると、全鉱山収入は、七万九四四〇グルデンであったといい、ほかに塩生産からくる収入が三〇〇〇グルデンであったので、鉱業関係総収入は八万二四四〇グルデンと計算される。その年代の大公領の非鉱業収入は、ほぼ一万グルデンであったので、国家収入中に鉱業収入の占める割合は、ザクセン大公国のそれをはるかにしのいで、じつにほぼ九割にたっしていたのである。

一五一五年前後の政府出費は、イタリア戦争に起因するものである。また、一四九九年のシュヴァーベン戦争にさいしては、フッガーはマクシミリアンに一〇万グルデン融資した。

この後者の融資に対する担保となったのは、シュヴァーツ銀山の副産物である銅五万一〇〇〇ツェントナー（四年間引き渡し）の買上権であり、フッガーは一ツェントナー当たり四グルデン四五クロイツァー（1 fl. = 60 kreuzer）を精錬所に払い込んで、銅を引き取るとした。

一四九八年の銅のヴェネツィア市場価格は一ツェントナーにつき四・三〜四・七ドゥカーテン Dukaten、つまり五 fl.四五 kr.（3 Dukat = 4 fl.）ないし六 fl.一五 kr.であったといわれ、一ツェントナー当たりの差額は一 fl.〜一 fl.三〇 kr.で、買上銅全体を売却しても、フッガーの手許に入るのは、五万一〇〇〇 fl.ないし七万六五〇〇 fl.にすぎない。一四九九年には、四 fl.五〇 kr.にまで、値段は下がった。そこで、債務弁済の金額にたっするまで、フッガーから銀精錬所に「請け戻される」銀一マルクにつき、従来の引取金額にさらに八〇クロイツァー上乗せして払い戻される、という複雑な仕方を取ったのであった。[*] この銅買いでは、フッガーはほとんど利益を得なかった訳であるが、返済終了予定の一五〇二年まで、フッガーはティロル銅を独占し、後述するハンガリー銅の独占とあいまって、文字通りドイツ銅を独占したのであった。

＊ Ehrenberg, S.91 ; Jansen, Fugger, S.88ff. ; Pölnitz, Fugger, Bd.2, S.83. シュヴァーベン戦争については、拙稿「シュヴァーベン戦争について」（『スイス独立史研究』二〇〇九年所収）を参照。

フッガー家の直接経営に係わるティロル銀鉱

こうした、いわゆる「銀買い Käufe」は、銀生産に直接係わるものではない。しかし、一五二〇年代から、さしも健在を誇ったシュヴァーツの古参企業家 Täntzl、Füeger、Stöckl、Jaufner らも、ついに力尽き、廃業する家が多かった。フッガーらが進出できたのは、その後である。[12]

フッガー家が、銀坑口経営に直接タッチするようになるのは、一五二二年からである。すなわち、同年、ヤコプ・フッガーがシュテックル Stöckl 家と連名で、シュヴァーツ東方のラッテンベルク Rattenberg で銀一三九八マルク、同じくイェンバッハ Jenbach で二二八六マルクの採掘企業として現れてくる。一五二三年には、その産額はにわかに高まり、各七六七八マルク、九九八八マルク、計一万七六六六マルクに達したが、このときバウムガルトナー所有の坑口は一万四一六七マルク、ヘッヒシュテッターは三〇〇〇マルクを産出し、それら財閥四家の合計額三万四八三三マルクは、シュヴァーツの総生産額五万五八五五マルクの六割余を占めている。しかし、翌年には、フッガーは一万三四〇〇マルク、バウムガルトナーは一万一五七五マルクへと後退し[13]、シュヴァーツの生産力は、これらの時点をピークとして、その後急速に低下していくのである。

ヤコプ・フッガーの死後、一五二七年財産目録が作成され、そこには同家の所有する鉱山の坑口数が記録されているが、それによると、Falkenstein で、四五坑口で二三〇余 Viertel——ティロル鉱山の坑口の分割持ち分＝株は、九分割し、さらに四分割し、この後者の四分の一（Viertel）を基本単位とした——をもち、鉱山全体としてほぼ一四〇〇Vi.あったので、一六・五％を占めていた。そのほかでは、Schneeberg（in Tirol）では五四½Vi.、Gossensass で五五½Vi.、Lafetsch で六〇Vi.、Rattenberg で一六二Vi.、Geyr で一三七Vi.、Gros u. klain Cogl で二八七½Vi.、Lienz で一二六Vi.、Klausen で一七¼Vi.を経営している。[14] 一五四七年になってもこの状況は変わらず、Falkenstein では二六六½Vi.をもち、シュヴァーツ全山の一四〇四Vi.の一八％をなしている。Ringenwechsel では、総数三六Vi.のうち、四Vi.（一二坑口）を、Kitzbühel では四六Vi.（一一坑口）を所有し、Falkenstein よりも比率は低いといわれている。[15] これらがフッガーの直接タッチした鉱業経営の主要部分であったのである。

第二節　フッガー、ハンガリー銅を独占す

ハンガリー共同商事の設立

一四九四年頃から、フッガーの関心は銅へと移った。銅はあらゆる分野で需要が多く、とくに当時、戦争が大規模化し、カノン砲や榴弾の製造に欠かすことのできない材料となっており、フッガーはこの銅市場の分野で、独占を企てたのであった。ハンガリーの銅山七都市の生産は出水のため一五世紀後半、衰退状態にあったが、政府は一四七五年、マンスフェルト銅山の復活に大きな成果をあげたクラカウの鉱山技術者ヨハン・トゥルツォに着目し、彼と雇用契約を交わした。その契約によって、トゥルツォには週一グルデンの報酬と彼の技術で採鉱された鉱石の六分の一を与えることが保障された。同年五月、国王マティアス・コルビーヌスは、この契約を承認し、さらに、「すべての廃坑から排水し、銀を試掘する」権利を与え、銀一マルクについて四グルデンを報奨として与えるとの約束もしている[16]。

一四九一年、プレスブルク条約によってドイツ帝国とハンガリーの関係が改善され、トルコの脅威も遠のくと、一四九五年トゥルツォがノイゾールに着任し、ハンガリー銅山の再開発が始まった。しかし、トゥルツォには営業資金も採掘した銅の販売方法の目処もなかった。ここで乗り出したのがブレスラウ市民キリアン・アウアー Kilian Auer であり、その仲介によって、一四九五年、フッガーとトゥルツォとのあいだに、「ハンガリー共同商事」が結成されることになった。そのさい、トゥルツォは国王からノイゾール鉱山を年一四〇〇グルデンで、一六年間賃貸することが認められ、「ハンガリー共同商事」は採鉱、精錬、銀地金・銅板製造に専従する。銅の販売は、フッガー、トゥルツォ各商会に委託し、後二者は「共同商事」に資金、ならびに生産に必要な道具、資材、食料品などを提供することが契約された[17]。さらに一四九六年、銅精錬のため、トゥルツォはノイゾールに精錬所を設立する認

可を得、これによって復興の体制は整えられたのである。

フッガーの二つの銅精錬所

それより前、一四九五年八月と九月、ヤコプ・フッガーは、すでに二つの精錬所を設立していた。一つは、オーストリア南部のフィーラッハ Villach の西方に設けられ、「フッゲラウ Fuggerau」と命名され、いま一つは、テューリンゲンのライプツィヒ西方、「ホーエンキルヘン Hohenkirchen」に設立された。前者はヴェネツィアへ販売する銅を精錬し、後者は、ニュルンベルク、フランクフルトでの販売を目指したものであった。[18]

ハンガリー銅の生産量とその送付先

こうして、ハンガリー銅が大々的に世に出ることになるが、「共同商事」設立からヤコプ・フッガー死去にいたる間の、ハンガリー銅の量、およびその送付先を示せば、表19の如くである。[19]

なお、ハンガリー銅から分離・精製された銀は、ほぼ三〇万マルク、年平均一万マルクであった。* 驚くべきことに、同じ時期、マンスフェルトの銅年産額は、ハンガリー銅の二分の一から三分の一に匹敵する、ほぼ二万八五〇〇ツェントナーに達したと推定されている。** 一六世紀後半には、一万四二〇〇ツェントナーに落ちてはいるが。

* Jansen, Fugger, S.158f.

** Paterna, Bd.1, S.76, Bd.2, S.628.

表19によれば、ハンガリー銅の年平均生産額は二万四三七五ツェントナーにのぼり、[21] そのうちフッガー家の販売額は全量の八三%であった。つまり、「ハンガリー共同商事」といっても、実態はフッガーの活動そのものにほかならなかったのである。送付先ではアントヴェルペンが四〇%を占め、フランクフルト・ニュルンベルクが二六%、

表19　ハンガリー銅の生産量・その送付先（単位：ツェントナー）

期間	販売総量	フッガー取扱分	Frankfurt	Nürnbg	Antwerp	Hohekirchen	Venezia
1495-1504	189, 903	133, 444	374	4, 689	23, 960	45, 536	58, 885
1504-1507	不明	不明					
1507-1510	67, 517	56, 208	19, 119		36, 316	408	365
1510-1513	140, 725	129, 418	43, 906		84, 720	＊7, 947	3, 360
1513-1516	85, 576	75, 920	24, 211		49, 823	＊9, 216	
1516-1519	78, 105	68, 655	19, 527		36, 316		365
1519-1526	169, 438	143, 882	80, 004		63, 878	＊18, 058	7, 119
合計	731, 264	607, 527	191, 830		295, 013		70, 094

（＊印は Breslau 分）[20]

ヴェネツィアは一〇％弱を占めるにすぎなかった。
アントヴェルペンへ輸送するためには、まずクラクフへ、そこからヴィスツラ河を船で下って、ダンツィヒへ、あるいは、ブレスラウへ出て、オーデル河を船で下り、シュテツィンへ、そして、リューベックを経て海路で運ぶ。一五〇二年には、フッガー銅船がケルンにさえ姿を現しているのである。[22] アントヴェルペンへの陸上輸送は、主としてヘッセン人の馬車業者 Hessenwagen が中心をなした。
ニュルンベルクへは、ドナウ河をレーゲンスブルクまで溯り、陸路を運ぶ。ヴェネツィアへは、ドナウ河を溯りウィーンで陸揚げし、陸路フィーラッハ、フッゲラウを経て、あるいは、クロアティアのアドリア海岸 Zengg に出、船で目的地にいたる。一四九八年、二四九二ツェントナーの銅積載の船二隻がウィーンに到着、翌年、四一六〇ツェントナー積載の船三隻がレーゲンスブルクに到着していることが記録されている。[23]
この間、各輸送路には封建領主がおり、彼らから安全保障を獲得するため、皇帝や国王の権威による要請を利用したり、低額の関税を支払ったりしたが、それでも、地元住民の反撥を買ったり、ハンザ商人の反対を受けねばならなかったのである。[24]
アントヴェルペンが一六世紀に入って、にわかに台頭するにいたった模様は、同市の関税収入の高揚からも知られる。いま、スヘルト河を上

表20　アントヴェルペン関税収入増加額
（年額、単位：フランドル・リブラ）

年	額
1398–1401年	1,890
1447–　50年	2,600
1485–　88年	3,500
1511–　14年	4,000
1514–　17年	5,000
1526–　29年	7,000
1538–　41年	6,700

下する貨物に対する関税収入（請負金額）Rupelmondを抜き書きで示せば、表20の如くである。

アントヴェルペンに出入港する外航船の貨物から徴収される関税（年額）の方も、一四二〇年代一三万六〇〇〇Flem. groats（＝五六六リブラ）、一四八〇年代三七万二〇〇〇Fl. gr.、一五一〇年代四三万六〇〇〇Fl. gr.、一五二〇年代七七万Fl. gr.、一五四六年九〇万Fl. gr.（＝三七五〇リーブル）へと着実な上昇ぶりを示しているのである。[25]

このようであったから、フッガーの銅をはじめとして、多くの物資が集中するようになるのは自然の成り行きであった。アントヴェルペンにおけるフッガーの代理人、およびフッガーの店舗は、一四九〇年代初頭から存在した。[26]そして、そこから銅は、当時大砲を盛んに製造していたリエージュ、さらにネーデルラント沿岸の造船所に、そして最終的にはリスボンへ送られたのである。[27]

この時代がいわゆる「フッガー家の時代」の全盛期を意味するが、その後のハンガリーとフッガーの関係をたどると、ナショナリズムの強いハンガリー人のフッガーに対する心情は必ずしも良好ではなく、国王側近の中からフッガー家に取って代わろうとする試みがなされた。[28]ヤコプならびに次代のアントン・フッガーはよくこれを抑えて事業を継続した。一五三六年三六万八〇〇〇グルデン、一五四六年一〇〇万グルデンの投資をおこなっている。[29]しかし、理由は判らないが、一五四八年、アントンはハンガリー鉱山経営から完全に手を引き、[30]一五六〇年彼の死去とともに、企業意欲に乏しい次世代経営者ハンス・ヤコプは、それだけでなく、商品取引そのもの全体を放棄するにいたっているのである。

（1）Worms, S.69.

(2) Pölnitz, Bd.1, S.16f., 29f.
(3) Jansen, Anfänge, S.55f.; do., Fugger der Reich, S.12.
(4) A. Schulte, Die Fugger in Rom 1495–1523 I (1904), S.33.
(5) Schulte, S.50f.; Pölnitz, I, S.80.
(6) Jansen, Anfänge, S.118; do., Fugger, S.16.
(7) Pölnitz, Bd.1, S.37. Jansen, Fugger, S.9.
(8) Jansen, Fugger, S.20f.
(9) Ibid., S.20, 22ff.
(10) Jansen, Anfänge, S.57; do., Fugger, S.27. ただし、フッガーが七年間に四〇万グルデン儲けたというのは、やや誇張ではないか、という批判がある。Pölnitz, Bd.1, S.63.
(11) Zycha, S.272; Ehrenberg, S.95; Jansen, Fugger, S.130.
(12) Jansen, Fugger, S.129; Zycha, S.279f.; Wolfstrigl-Wolfkron, S.52f.
(13) Wolfstrigl-Wolfkron, S.52f.; Zycha, S.280.
(14) 諸田、前掲書、第二章「財産目録」からみたフッガー企業の「財閥」的構成、一九七頁以下に、経営坑口の詳細な記載がある。それから計算した。
(15) L. Scheuermann, Die Fugger als Montanindustrielle in Tirol und Kärnten, München 1929, S.17f.
(16) Jansen, Fugger, S.132. ヨハン・トゥルツォについては、諸田、前掲書、一七六頁以下。
(17) Jansen, Fugger, S.135ff. 諸田、前掲書、一六八頁以下に詳しい。
(18) Jansen, Fugger, S.137f.; Pölnitz, Bd.1, S.71, 73, 75, 77. 諸田、前掲書、一〇一頁以下。
(19) Jansen, Fugger, S.156–158. より作成。諸田、前掲書、一〇一頁、同著『フッガー家の時代』四一頁、も参照せよ。
(20) フッガーはブレスラウ市とは事を構えたくなかったので、同都市の貨物積替強制 Stapelrecht を尊重し、同市民がフッガー家の運送中の銅を購入して、それをプロイセンなどへ売る権利を認めた。ただし、ポーランドから輸入される精錬用の鉛の輸送については、ブレスラウを通らない迂回路をとった。ブレスラウに、独自の精錬事業を興させないためであった。Jansen, Fugger, S.141.
(21) Paterna, Bd.1, S.76, Bd.2, S.628.
(22) Jansen, Fugger, S.144.
(23) Jansen, Fugger, S.141.

（24）輸送路と輸送をめぐる困難、とくにフッガーとハンザ同盟との紛争については、Jansen, Fugger, S.138–147；Pölnitz, Fugger und Hanse, 1953, S.25ff. をみよ。

（25）J. A. van Houtte, Quantitative Quellen zur Geschichte des Antwerpener Handels im 15. und 16. Jahrhundert（Beiträge zur Wirtschafts-und Stadtgeschichte, Festschrift für H. Ammann, 1965）, S.198 u.202 Anm.16；H. van der Wee, The Growth of the Antwerp Market and the European Economy, The Hague 1963, Vol. I, pp.510–517.

（26）フッガーはまたそこから新航路の開拓、それにともなうさまざまな情報を入手していた。Pölnitz, Bd.2, S.14；Bd.1, S.146f.；do., Fugger und Hanse, S.12.

なお、当時の国際郵便配達業は、イタリアのベルガモ Bergamo 人、とくにタクシス Taxis 家が傑出していたといわれる。J. Strieder, Aus Antwerpener Notariatsarchiven, Wiesbaden 1962, S. XXV, XXVII. タクシス家については、渋谷聡「広域情報伝達システムの展開とトゥルン・ウント・タクシス家」（『コミュニケーションの社会史』前川和也編、ミネルヴァ書房、二〇〇一年）をみよ。中世末期の国際郵便の実情については、ブローデル『地中海』（浜名優美訳、藤原書店、一九九二年）第二巻、一六頁以下を参照。

また、上述の公証人記録第七三五、七四二a文書に、一五六六年三月一三日のカルヴァン派の蜂起と、あるアントヴェルペン市民によるブラジルでの砂糖プランテーション経営計画のことが記録されているのは、興味ふかい。Strieder, a.a.O., S.382, 383.

（27）一五〇七年、リスボン向けのフッガーらの銅船が、ガリシアの近くでスペインの海賊によって拿捕されている。Jansen, Fugger. S.147.

実は、フッガー、ウェルザーらとポルトガルとの関係は、一五〇四年から始まり、リスボンに代理人をおいて、香料貿易船派遣に出資しているのであるが、一五〇五年香料貿易の王室独占が決定され、南ドイツ商人の直接的関与は拒否された。その後、フッガーは、銅をふくめた船材の供給をおこなっている。一五五八年、リスボンの代理店は閉鎖された。Häbler, S.21–40.

さらにウェルザー家の方は、巨額の融資の代償として、一五二八年、皇帝カール五世から特許状を獲得し、ヴェネズエーラに植民地を経営しようと企て、冒険者を送り出したが、結局失敗に終わった。Ehrenberg, Bd.1, S.200 Strieder, Das reiche Augsburg, München 1938, S.93. ボイス・ペンローズ『大航海時代』（荒尾克巳訳、筑摩書房、一九八五年）一三七頁以下。大塚久雄『近代欧州経済史序説』五四頁。

（28）Jansen, Fugger, S.161f.

（29）Ehrenberg, S.132, 146, 233.

（30）Häbler, S.12.

第八章　坑夫たちの反抗

第一節　大資本による坑夫たちの生活搾取

大資本の鉱山進出は、坑夫たちの日常生活に大きな変化をもたらした。鉱山集落はある日突然膨張し、しかも辺鄙なところに位置するが故に、食料など生活必需品の入手に困難がともない、そこに商人たちの付け入る隙があった。初期のころから、小鉱夫から鉱産物を買い入れ、逆に生産財や粗悪な消費物資を供給する「問屋 Verleger」や「鉱石買取人 Erzkäufer」などの活動がみられたが、このいわゆる「日用品販売 Pfennwerthandel」[1]が、領邦政府の注意を引くにいたった最初の例は、一四四九年、シュヴァーツにおいてであろう。すなわち、ジギスムント大公の鉱業法第三四条に、企業は一四日毎、最低四週間以内に労働者に賃金を支払い、滞ることがあってはならない。そのさい、現金で支払い、現物 Pfennwert で支払うようなことがあってはならない。現物支給は、労働者が要求する範囲に限る、と規定されている。[2] しかし、事態は変わらず、一五一〇年頃、ティロルでは、賃金支給前に、居酒屋、パン屋、肉屋が、労働者に貸し売りをして、彼らが給料日には何も貰わぬか、ほんの僅かしか貰えない状態になっているのが普通であった。[3]

とくに大資本の進出とともに、その代理人たちが、自己の計算で、「日用品販売」をおこなった。たとえば、一五世紀末のフッガーのガシュタイン支店長マイヤーホーファー Meyerhofer や、ブダペスト駐在のフッガー・トゥルツォの代理人などが典型的で、[4] 労働者の怨嗟の的となったが、一六世紀に入って、「日用品販売」は一般的、かつ組織的におこなわれるようになり、一五二六年、アントン・フッガーは、ブルクハルト B. Burckhard、ヘルヴァートCh. Herwartと共同出資して、「シュヴァーツ鉱山・溶鉱・日用品販売会社Schwazer Berg-, Schmelz- und Pfennwerthandel」を設立した。[5] さらに、一五六五年、フッガー、ハウクHaug、カッツベックKatzbeckの三者合資によって設立された「イェンバッハ会社」にいたっては、採鉱、精錬とならんで、「日用品販売」が大きな役割を果たしていた。すなわち、一五八五年、同社の決算表によれば、採鉱のために直接支出された費用（運搬費、雑費などを除く）は、合計一三万八九四一グルデンであったのに対し、穀物、脂肪、チーズ、毛織物の在庫および追加購入費は九万八二六五グルデンにものぼっているのである。[6] しかも、穀物価格は高く、チーズは二倍の値段がした、と非難されている始末である。[7]

第二節　ボヘミア・エルツゲビルゲ鉱山の坑夫の闘争

ボヘミア坑夫たちの反抗

苛酷な労働、そして、賃金と生活必需品の強制的買い取り、こうした二重、三重の搾取が、鉱山労働者の反抗を招かないはずがない。入坑時間を遅らせ、出坑時間を早めるとか、月曜日は仕事に就かず、賃金だけは要求する、といった怠業から、ストライキ、果ては暴動まで、労働者の反抗は多様であった。

古いところでは、一四一三年、ボヘミアのクッテンベルクで坑夫が暴動を起こし、一四九六—九七年、高潮にたっし、首謀者とみられた坑夫一〇人が処刑されている。[8] 次の蜂起は一五二五年五月二〇日、ヨアヒムスタールで起こった。坑夫たちは、市庁舎、鉱山監督官の屋敷、城を襲い、すべての証書と謄本類をずたずたに引き裂いた。そして、「十八カ条」の箇条書を作成したが、[9] それは、エルツゲビルゲ諸鉱山の運動と連動したものであった。

ヨアヒムスタール一揆の「十八カ条」の内容をみると、鉱山在地で銀の鋳貨をおこなうべきである（第三、四、五条）、十分の一税徴収官zehndnerは鉱夫の中から選ぶべきである（第五条）、精錬業者が自分の坑口をもっていないのはおかしい（第七条）、鉱山協議会に他処者しか招かれていないのは不当である（第九条）、自分たち貧民の悩みを聞いてくれる dadurch dem armen manne sein notturft zu reden 熟練の長老坑夫 den ezlichen steiger を維持してほしい（第一〇条）、牧師ならびに説教師は、自分たちの金庫で養う（第一二条）、などであり、第一〇条を除いては、労働改善とか賃金の引き上げといった経済要求は皆無である。

エルツゲビルゲ諸鉱山における坑夫の動向[10]

エルツゲビルゲでは、やはりフライベルクの動きが最も古い。すなわち、一四四九年、多くの坑夫が役人たちの強圧に苦しんで、賃金の高い、近くの錫鉱山グラウペン Graupen へ逃散しているが、「彼らが同じ役人にとどまっているかぎりは、彼らは（坑夫たちは）天候がよくても、そこから逃げ出した」と古文書にある。

しかし、一五世紀末、フライベルクは鉱脈の枯渇に苦しんでおり、鉱夫代表は、役人、専門家ともどもその原因解明に懸命で、生活改善要求どころではなかった。反抗の声をあげたのは、その近隣のアルテンベルク錫鉱山からであった。坑夫たちは、一四九四年六月二四日、家族の生活が支えられないほど支払いが悪いと鉱区長に訴え、「せめて〔予定の期日より〕一四日以前に坑夫組合に賃金を支払ってほしい」と要請しているのである。[11]

ドイツ農民戦争勃発時には、ザクセン大公ゲオルクが、一五二五年五月二二日、アンナベルク、ケームニッツ、フライベルクの坑夫たちと話し合いをし、「われわれの周囲で蜂起と騒擾が起ころうとも、その間にあって、良き行動を保つ」ことを申し合わせている。*

＊　……gefallen sich darein begeben, ap hinfhuer sich empörung und ufrur bei den unsern hieumb wurden erheben, das sie sich darzwischen mit gutlicher handelunge wollen einlossen. Fuchs, 2, S.351.

シュネーベルクでの動きは、一五一九年、宗教改革の導入から始まった。この年、ルターの友人であるニコラウス・ハウスメン Nikolaus Hausmann がここに来て新教の説教を始め、一五二三年になるとハウスマンの後継者として牧師となったゲオルク・アマンダス G. Amandus が旧教会を攻撃する激烈な説教を始め、鉱山内は騒然となった。彼は一五二四年三月末、黙って静観している政府を攻撃し、ドイツ語ミサを導入し、両種聖餐の享受さえ認めた。市参事会は彼を牧師職から解任したが、鉱区長と坑夫組合は自分たちの扶持で彼を養うと宣言し、シュネーベルクの宗教改革は定着することになった[12]。

アンナベルクでは、一五二五年五月二九日頃、マンスフェルト坑夫たちの「十八ケ条」が届いていた。この箇条書は他の鉱山にもゆきわたっており、放置すれば反乱の可能性が濃厚であった。それを察した鉱山長のシュテファン・シュリック Atephan Schlick は、鉱山の自由を説き、不公正を正すと約束した。しかし、約束は実行されず、結局、公然たる騒ぎになった。同年六月初めの、鉱山長ハンス・レーリンク Hans Röling の選帝侯への報告によれば、多くの所で騒ぎが起こっているという。すでに五月二九日には、坑夫側では「書状 Brief」をまとめ、六月三日、五人の坑夫代表によって鉱山長に提出された。その内容は、「缶入りペーニヒ」の公正な使用、福音のみの説教、坑夫組合の長老の改選、都市に居住する坑夫支配人の採掘従事の要求といったものであり、賃金に関する要求などはない。そうした要求書は役人の手を通じて、領邦政府に提出されたが、それ以上の動きはなく、事態は収まった[13]。

マリーエンベルク坑夫、農民一揆を指導す

マリーエンベルクは操業してからなお日が浅く、その管轄もアンナベルクの管理官のもとに置かれ、坑夫組合も一五二一年設立したばかりであったが、それだけ坑夫たちの結束は新鮮で固かったようである。一五二一年九月、ザクセン大公ゲオルクが、「慈善ペーニッヒ」の管理を鉱山長らの管理下に移すよう命令したころから、坑夫たちの不満がたかまり、一五二三年、二重採掘 Doppelschicht——坑夫が一日二度、三度坑口で働くこと——の禁止令

が出されて、彼らの怒りは爆発した。彼らの要求は「四カ条」にまとめられたが、その包括的な第一条は、この二重採掘禁止令反対であった。「それによって、女房、子供、そして、自分たちの身体を養ってきたから……domith sie auch ire weib und kindt dartzu ir gebeude erneren und erhalten kunnen……』である。第二条は、鉱山の実情をしっかり把握する「対面書記 Gegenschreiber」を任命してほしい、第三条は、坑夫組合に印章を付与してほしい、そして、第四条は、「慈善ペーニヒ」の自主管理要求であった。鉱山で傷ついた者 die schaden ym berge のために使いたい、というのである。この「四カ条」の要求は大公にも提出されたが、結局認められなかった。[14]

その後の経過は判らないが、坑夫たちの行動は、一五二五年のドイツ農民戦争の勃発とともに、また活発となった。マリーエンベルクでの農民一揆は、一五二五年五月一四日に起こったが、彼らはもっぱら、いくつかある司祭館の略奪をおこない、坑夫たちもそれに加わった。坑夫たちはみな農民出身であったから、といわれている。最初の襲撃に加わった坑夫たちは二〇〇人に及んだ。その指導者として名前のあがっているのは、坑夫ゲフテル W. Göffel、ツィンナー A. Zinner で、ゲフテルは「首領」、ツィンナーは「軍事指揮者」とよばれている。ヨアヒムシュタールで一揆が起きたと聞くや、ゲフテルはこの地に出掛けて実情を調べ、また他のエルツゲビルゲ諸鉱山の情報を集めている。ゲフテル同様、農民蜂起に加わった坑夫はフッセ F. Husse、ヘンゼ K. Hensel ら一七名であったが、マチーエンベルク自体では一揆は起こらなかった。六月二七日、ゲフテル、ツィンナーはブフホルツにいるところを逮捕され、処刑された。[15]

マンスフェルトの情勢[16]

マンスフェルト銅山での蜂起は早かった。一五二五年五月一日にアイスレーベンで農民・坑夫たちは蜂起し、修道院を襲撃した。同日付の税関吏ハンス・ツァイス Hans Zeiss のザクセン選帝侯フリードリヒ（賢公）への報告によれば、アルシュテット Allstedt（マンスフェルトの近傍の地）全体が蜂起に包まれているという。[17] その勢力四〇〇〇にものぼった彼らの行動はもっぱら修道院への襲撃に向けられ、襲われた修道院は、この地区で三〇、チューリンゲンだけで七〇にたっした[18]。マンスフェルトでは、勢いあまって、縦坑小屋 Saigerhütte 数基がこわされた[19]。

ミュールハウゼンでこうした情勢を知ったトーマス・ミュンツァーは、マンスフェルト坑夫との連携を熱望して、彼らを励ます意味で、四月二六日、その中間にあるアルシュテットへ向けて激烈な煽動の言葉をおくっている。「兄弟たちよ。さあ立て、火が燃えている間に、諸君の剣を冷やすな。鈍らせるな。ニムローデの金敷でトッテンカンと剣を打て。奴らの塔を叩きつぶせ。奴らが生きている限り、諸君が人間への恐れから脱することは不可能だ。奴らが諸君を支配している限り、諸君に神の話をすることはできない。日のあるうちに、さあ立て。神が諸君の先頭に立って進まれる。続け。続け。続け[20]」。

しかし、マンスフェルト伯アルブレヒトとフィリップの打った手も早かった。伯たちは五月四日、アイスレーベンの門前で、坑夫集会をもち、彼らの訴えを聞き、改善を約束した。

多くの坑夫はその約束に信をおいたが、伯たちの言葉はその場限りのごまかしであった。次の日五月五日には、近隣から集められた騎士・兵士たちによって、農民・坑夫たちの集まりは蹴散らされ、決戦の場であるフランケンハウゼンへの道は閉ざされた[21]。かくしてマンスフェルト坑夫たちの運動は、あっさりと封じこめられたのである。ヘッセン方伯フィリップは、五月一六日付のトリアー大司教に宛てた書簡で、五月一五日のフランケンハウゼンでの決戦について通知しているが、それによると、戦場には六〇〇〇の農民の遺体が遺棄され、六〇〇人が捕らえられたという[22]。五月二六日には、マンスフェルト市参事会は、ルターに対しミュンツァー逮捕の報告をしている[23]。ルターは一揆鎮圧のとき、マンスフェルトまで来て激励したのである。

第三節　ティロル農民戦争――ミハエル・ガイスマイル――

最後に、ティロルの状況を瞥見しよう。ここでも坑夫の改革要求は、経済問題からではなく、新教の導入要請から始まった。すでに鉱山都市は一五二一年に福音派牧師ヤーコプ・シュトラウスの説教を聞いているが、政府により、二二年五月強制的に退去を命じられた。その後継牧師として着任してきたウルバーヌス・レギウスも、一五二三年暮れ、同様な目にあっている。

一五二五年初め、南ドイツ、上シュヴァーベンの農民代表が勧誘にくるにおよんで、運動は盛り上がり、坑夫たちは蜂起しようとした。シュヴァーツ鉱山坑夫の不満は、とくに大公フェルディナントの寵臣サラマンカの独裁に向けられ、彼の罷免、またフッガーらによる銀鉱石の貸付け金に対する担保化の解消、フッガーらの追放、高利貸しや投機の禁止、を要求し、そして、坑夫たちに大幅な自治権を与えることを要望している。しかし、二五年の一月と二月にオーストリア大公フェルディナントがシュヴァーツに現れて、説得し、蜂起を思い止まらせることに成功した。来たる三月六日にインスブルックで領邦議会を開き、君たちの要求を審議しようと約束したからである。[24]

他方では威嚇の手の内もみせ、ブリクセンでは農民指導者四七人が処刑され、さらに三人が車裂きの刑に処せられた。[25]ブリクセン司教区の農民一揆を始めたのは農民ペーター・ペスラーであったが、彼が刑場に引かれていく途上、民衆はこの指導者の解放に成功し、同都市の郊外で開かれた大衆会議において、新しい指導者を選出した。そのさい選ばれたのがミハエル・ガイスマイルである。彼はこのとき三〇歳、父は裕福な坑夫で、兄ハンスは一五二六年、再洗礼派として処刑されているので、福音派一家であった。このときまでミハエルは関税吏やティロル地方行政長官の秘書を勤めていたので、社会上下のことを知悉（ちしつ）していた。一揆はブリクセンから北へ広がり、塩鉱都市ハル、さらにメラン Meran 市にまで及んだ。五月二二日、領邦議会はメランで開催と決まったので、ガイスマイルらは農民・坑夫たちの要求を『メラン箇条書』にまとめ、これを提出した。

『メラン箇条書』[26]

『メラン箇条書』は全六二カ条から成る――のち九七カ条に増補――。その冒頭の数カ条は教会改革に向けられ、修道院を減らすこと、教区牧師の自主的選任、地区の裁判官の自主的選任などが主張されている。第一八条以下が大体経済的要求に関するもので、たとえば、ばらばらの度量衡のため困惑しており、統一すること（第一八条）、森林・河川での狩猟・漁労の自由（第五七、五八、一九条）、新規の関税の廃止（第二五条）、地代の軽減（第四一～四三条）、小十分の一税の廃止（第四四条）、農奴制の廃止（第五六条）が要求されている。興味ふかいのは、多くの外国人商工業者が来住して営業していることを制限している（第二一、二三条）ことで、それと関連して、大商事会社の進出に猛烈に反対している（第二二条）。これらの会社の押し付ける物資を購入しなければならないために、どれだけの損害が出ていることか。「フッガー、ヘッヒシュテッター、ウェルザー、その他すべての会社に〈銀買い〉――銀採掘に対する投機的投資――を認めるべきでなく、すべて廃止さるべきこと」と述べているのが注目される。*

＊　瀬原『皇帝カール五世とその時代』一六九頁以下を参照。

『メラン箇条書』は、封建的搾取関係を全廃しようとする革命的綱領ではなく、今後の領邦体制の基礎をおこうとした穏和なもので、おそらくこれを起草したガイスマイルの政府に対する期待を反映したものであろう。フェルディナントは、急遽、別に設けたインスブルック領邦議会で箇条書を読み上げさせ、その一部を採択させたが、農奴制や賦役の廃止、共有地の用益自由など、領主階級の存立にかかわる基本的部分については、譲歩しなかった。農民代議員の多くは滞在費に事欠き、いつでも交渉に応ずるという領邦君主の約束に満足して帰途についたのであった。

ガイスマイルは八月半ばすぎ、インスブルックにおびき寄せられ、そこで監禁された。南ティロルの農民たちは、いまや軍事的戦列を整える状態にはなかった。彼らは一五二五年九月末、トリエントの前で撃破された。ガイスマイルは一〇月、インスブルックの拘置所から逃亡することに成功し、スイスに向かい、ツヴィングリに会った[27]。

シュラットミンクの戦い、農民側の勝利

いまや一揆の中心は、ザルツブルクの南、ピンツガウ、ガシュタインの地域に移ったが、ここではガシュタインの金鉱をはじめとして多くの鉱山があり、坑夫が一揆に参加していた。運動はさらに東のシュタイヤーマルク、ケルンテンへ波及していたが、ここではシュラットミンクやレオーベンに鉱山があった。恐れをなしたシュタイヤーマルクの貴族たちは、二〇〇〇人の軍隊を集め、それにボヘミア、マジャール、ドイツ人傭兵五万を加えて、ザルツブルク司教軍に合流しようとした。そして、シュラットミンクでこれを阻止しようとした農民軍と激突することになる。ミハエル・グルーバーに率いられた農民軍三五〇〇は、六月三日夜、シュラットミンク市を奇襲し、傭兵軍を蹴散らした。この戦いは、ドイツ農民戦争において、農民側があげた唯一の勝利であった[28]。しかし、それが政治的に活用されることはなかった。グルーバーは軍事的には有能であったが、革命派の農民には属さず、一五二六年ザルツブルクで再度、農民一揆が起こったときには、大司教側の軍事指揮官として立ち現れているのである。

ガイスマイルの『ティロル領邦綱領[29]』

スイスに逃れたガイスマイルは、一五二五年末ツヴィングリと会い、種々意見を交換した。そこから一五二六年初頭、ガイスマイルの新しい綱領『ティロル領邦綱領』が生まれた。『綱領』は二八カ条と付帯条項から成る。その冒頭はこう述べる。「あなたがたは、生命、財産をともに賭して、お互いに離反せず、お互いに分かち合い、常に協議して行動し、自ら定めた政府に忠実に服従し、あらゆる問題に関し、自己の利益ではなく、まず神の名誉を、

次いで公共の福祉を求めることを約束し、誓約しなければならない」。来るべき国家は完全な誓約国家でなければならないというのである。これにもとづいて、背神の徒を根絶し（第二条）、すべての特権を廃止し（第四条）、すべての城を取り壊し、人間のあいだの差別を一切なくす（第五条）、国内は適当な裁判区に分けられ、裁判はすみやかに判決をくだす（第八〜一〇条）。首府はブリクセンにおかれ、そこに大学を設置する（第一一、一三条）。修道院、ドイツ騎士団の施設は施療院に変えられる（第一八条）。

第一四条以下は主として経済問題を取り扱う。租税、関税、十分の一税は適切な額であること、高利貸しを禁止し、絹織物、毛織物などの生産はトリエントに集中される（第二二条）。「メランからトリエントにいたる沼地をすべて干拓し、多くの家畜、牛や羊を飼い、また多くの穀物を多くの土地に植えるように。また、多くの場所にオリーヴを植え、サフランを育てるがよい」。最後に付帯条項では、鉱山の国有化を主張する。鉱山を搾取し、多くの利益を引き出している大商社の廃止が謳われているのは『メラン箇条書』と同様である。

ここには、かつてガイスマイルが抱いていた政府に対する期待は微塵もなく、断固とした姿勢が基調となっている。しかし、綱領の言葉は単純平易で、庶民に話しかけるには、まさにうってつけであり、内容もユートピアを語っている趣がある。それゆえにこそ、この綱領は、当面する切迫した闘争へのアピールとしては適切ではなかったが、より正しい人間的な社会秩序の計画を描いたものとして、ながく影響しつづけたのである。

ティロル農民戦争、鎮圧される

ザルツブルク大司教は、一五一六年一月、領邦議会を開いたが、農民の苦情を審議するどころか、逆に農民を挑発するかのように、一〇万グルデンの課税を決議させた。軍事情勢も、シュヴァーベン同盟軍の援助が約束されて、有利に傾いていた。三月、農民は再度蜂起し、大司教側の拠点ラートシュタットを包囲し、そこへガイスマイルが同志を引き連れて駈けつけ、彼はすぐに指揮者に推された。六月半ばから、ラートシュタットと外部との唯一の連絡路マンドリンク峠の攻防が激しくなり、六月二四日、市内からの市民の騎馬隊が打って出て、包囲は破られた。農民側は次第に敗勢におちいり、七月一二日、ガイスマイルは同志とともにヴェネツィアに退去することを決した[30]。かくしてティロル農民戦争は潰えた。ガイスマイルはヴェネツィアの傭兵隊長となり、なおもオーストリア打倒のため種々画策していたが、一五三二年四月一五日、オーストリアの刺客によって暗殺され、すべてが終わったのである[31]。

ティロル農民・坑夫の一揆が、ドイツ農民戦争の敗勢時点で起こり、ドイツ農民からの援助が期待できない情勢であったこと、ティロルの坑口経営者には自立的、伝統ある存在が多く、坑夫をよく抑えることができたこと、これらが闘争を実らせなかった原因であろう。坑夫の生活改善の期待は実現されえなかったのである。

（1）Pfennwerthandelについては、Schmoller, S.1012f.；Zycha, Zur neuesten Literatur, VSWG. V, S.256f.；Strieder, Studien, S.43；Scheuermann, S.390ff. 諸田、前掲書、一三五頁以下。
（2）Worms, S.125, 128（§2）, 61.
（3）Schmoller, S.51f.
（4）Pölnitz, Jakob Fugger, Bd.2, S.20, 119；Jansen, Fugger, S.165f.
（5）Pölnitz, Jakob Fugger, Bd.2, S.555. 資本金八万四〇〇〇グルデンのうち、フッガーの負担分は二万四〇〇〇グルデンにすぎなかった。
（6）Scheuermann, S.262–273. から計算した。なお、諸田、前掲書、一三七頁以下を参照。
（7）Scheuermann, S.393；Zycha, S.257.
（8）Schmoller, S.46f.
（9）W. P. Fuchs, Akten zur Geschichte des Bauernkriegs im Mitteldeutschland, Bd.2, Nr.1591（S.388f.）
（10）エルツゲビルゲ諸鉱山の坑夫の動きについては、Strieder, Studien, S.44；Löscher, S.229f.；Schwarz, S.79f.；Laube, S.214ff.；Unger, Stadtgenmeinde, S.100f.；Paterna, Bd.1, S.180f. 諸田、前掲書、一五一頁。前間良爾「一五・六世紀ドイツにおける鉱山労働者の蜂起とその再編成―エルツ山脈地方を中心に―」（九州大学『西洋史学論集』第五輯）などをみよ。

（11）Schwarz, S.81, 142 Anm.17.
（12）Löscher, S.231. より詳しくは、Laube, S.215ff. をみよ。
（13）Löscher, S.232–234. より詳しくは、Laube, 243ff. をみよ。
（14）Laube, S.256f.
（15）Laube, S.259.
（16）マンスフェルトの動きについては、パテルナの叙述を参照せよ。Paterna, 1, S.223–232.
（17）Fuchs, Akten, 2, S.162.
（18）F. von Bezold, Geschichte der deutschen Reformation, 1890, S.508；Paterna, S.227.
（19）Fuchs, Akten, 2, S.182.
（20）『原典宗教改革史』ミュンツァー一〇（二〇二頁）、『宗教改革著作集』第七巻、一九〇頁。
（21）Paterna, 1, S.229.
（22）Fuchs, S.305.
（23）Fuchs, S.378.
（24）シュヴァーツ坑夫の動向については、次の文献をみよ。G. Franz, Der deutsche Bauernkrieg, 1. Aufl.（一九三三、初版本）S.256f.；do., Aktenband（1935）Nr.157（S.328ff.）；Wolfstrigl-Wolfskron, a.a.O., S.43ff.
（25）G・フランツ『ドイツ農民戦争』（寺尾他訳、未来社、一九八九年）二三一頁以下。
（26）『メラン箇条書』の原文は、Franz, Quellen zur Geschichte des Bauernkrieges, München 1963, Nr.91（S.272–285）にある。
（27）M・ベンジンク／S・ホイヤー『ドイツ農民戦争　一五二四—一五二六年』（瀬原訳、未来社、一九六九年）二三三～二三七頁。
（28）同訳書、二四〇頁以下。
（29）Franz, Quellen zur Geschichte des Bauernkrieges, Nr.92（S.283–290）；J. Macek, Der Tiroler Bauernkrieg und Michael Gaismair, Berlin 1965, S.371. ベンジンク／ホイヤー、前掲訳書、二四八頁以下。
（30）ベンジンク／ホイヤー、前掲訳書、二五二～二五七頁。
（31）同訳書、二五八頁以下。

第九章　フッガー家、スペインと癒着す

一五一五年一二月二八日、一代の豪商ヤコプ・フッガーが死去した。アウクスブルクの年代記者クレメンス・センダーは、彼のことをこう称えている。「ヤコプ・フッガーとその兄弟の息子たちの名はすべての王国や侯国、さらに異邦人のあいだにも知られている。皇帝、国王、諸侯たちは使臣をつかわし、教皇は彼を愛息と呼んで抱擁する。彼は全ドイツの飾りであった」と[1]。

フッガー家の決算書

ヤコプの死去とともに、フッガーは転機に立たされる。経営を引き受けたのは甥のアントンであったが、アントンのとき三度の商会の決算がおこなわれている。いまその概要を示せば表21のごとくである[2]。

一五二七年の決算表

まず一五二七年の決算表についてであるが、鉱山関係の資産の内訳は、ティロルに六万グルデン、ハンガリーに二一万グルデン投資されている。不動産所有としては、一五〇七年、皇帝マクシミリアン一世への貸し付け五万グルデンの抵当として、キルヒベルク Kirchberg 伯領、ヴァイセンホルン Weissenhorn 領を所有するにいたったときに始まる。商品は大部分、銅で、アントヴェルケンだけで二〇万グルデン貯蔵され、その他、銀、真鍮、織物、工芸品からなり、商品取引がけっして中断していた訳ではなかったことを証明している。一五四七、四八年スペインで九一三五反のバルヘント織物が取引されている例があり、綿織物、絹織物、ビロードも商われていた。

表21　フッガー家の決算書（単位：グルデン．括弧内は％）

科　目	1527年	1536年	1546年
鉱山と鉱山持ち分	270,000（9）	410,000（10.9）	360,000（5）
その他の不動産	150,000（5）	213,000（5.6）	440,000（6）
商　品	380,000（12.7）	415,000（11）	1,250,000（17.7）
現　金	50,000（1.7）	130,000（3.4）	250,000（3.5）
貸付金	1,650,000（55）	2,347,000（62）	3,900,000（55）
うち「宮廷帳」	651,000	837,000	443,108
スペインへの貸付	507,000	1,066,000	2,000,000
社員の個人勘定	430,000（14.3）	81,000（2.1）	400,000（5.7）
種々の流動資産	70,000（2.3）	195,000（5）	500,000（7）
資産総額	3,000,000（100）	3,811,000（100）	7,100,000（100）
スペインの負債	340,000	542,000	490,000
手形帳（確定利子付預金）	290,000	703,000	694,000
ハンガリー取引	54,000		
種々の負債	186,000		
負債総額	870,000	1,770,000	2,000,000
資産－負債	2,021,202	2,041,000	5,100,000

貸付金では、ティロル大公フェルディナントに対する貸付、いわゆる「宮廷帳 Hofbuch」が最高額六五万一〇〇〇グルデンを占め、スペイン投資は五〇万七〇〇〇グルデンであるが、フッガーのスペインにおける負債を差し引くと一万七〇〇〇グルデンの少額にすぎなかった。

商会純資産は二〇二万グルデンと計上され、一五一一年の資本金一九万六七九一グルデンと比較すれば、一七年間の利益は実に一八二万四四一一グルデン、九二七％、年平均五四％という莫大な額にのぼったのである。[3]

一五三六年、一五四六年の決算書をみても、なお鉱山関係の資産、商品取引、現金の存在は豊富であり、経営は健在であるが、しかし、買付金が大幅にふえており、しかも、それがスペイン政府へのそれであったのが、フッガーにとって致命的であった。

マエストラスゴ Maestrasgo 経営

フッガーがスペイン政府に貸付けをする契機となったのは、皇帝カール五世の選挙にさいして、選挙資金八五万グルデンのうち五四万三〇〇〇グルデン出資したことに始まるが、その返済手段としてマエストラスゴの領地借用が契約されたのである。マエストラスゴは、サンチャゴ San Jago、アルカントラ Alcantra、カラトラヴァ Calatorava の三騎士団領からなり、騎士団長（カール）の手元に集まる領地収入がフッガーに譲渡され、それとともに後者は相当の借地料を前払いする訳であった。[4]

一五二五年より三年間の最初の借地は年一三万五〇〇〇ドゥカーテン相当の利益をあげ[5]、再度、契約を更新して、ウェルザー家と共同で一五三五年頃まで経営した。[6] さらに四年間の中断ののち、フッガーは単独でスペイン政府と契約し、年一六万ドゥカーテンの前貸しに対して、四年間の領地借用の権利を獲得している。こうした関係はそれ以後も継続し、一六四七年ジェノヴァ人に奪われるまで続いた。[7]

借地の経営についていえば、全領域は八地域に分けられ、その総支配人、書記、会計の所在地は、カラトラヴァ騎士団領のアルマグロ Almagro である。地代の徴収は三分の一が貨幣で、大部分は穀物であったから、各地に穀倉が設けられ、その管理人には同時に販売が委託された。穀物取引はある程度制限され、関税高率のため国外輸出は利益とはならず、莫大な穀物の売却に苦しんだようである。幸いにもフッガーは穀物転売禁止から免れる権利を得ており、またパン屋以外のパン販売禁止からも免れて、加工品としてパンを販売している。一六世紀中葉以降、借地料の前貸し契約金額が高騰化する[8]につれて、農民の負担は増大し、小作料の滞納が各地に起こっている。それに対しては差し押さえ処分、あるいは、支払い猶予、長期間の穀物貸し付けによる経営立て直しの政策が取られている。[9]

そのほかフッガーがスペインに執着したものとして、アルマデン水銀鉱山、ガダルカナル銀山の経営があり、後者が惨めな失敗に終わったことはすでに記した。[10]

一五五六年に退位し、一五五八年に死去したとき、皇帝カール五世は息子のフェリペ二世に莫大な借財を残した。

まず、スペイン政府の通常国家収入の規模をみよう（表22）[11]。

一五二〇年前後、鉱産物収入は全国家収入の五％しか占めていないが、一五六〇年になると三五％を占めるにいたっている。上掲のセヴィリア入港貴金属（王室所属）統計によると、一六〇〇年の入港量は、一五六〇年の四倍に達しており、全国家収入の六〇％を占めるにいたっているのである[12]。

しかし、これだけの収入をもってしても、スペインの戦費を補うものではなかった。父マクシミリアンから引継いだ借入金に加えて、絶えざるイタリア戦争の戦費、さらにシュマルカルデン戦争の戦費三〇万ドゥカーテンが加わり[13]、一五五二年のメッツの戦いにさいしては、新大陸から入る国王の収入の一〇倍にあたる、二五〇万ドゥカーテン〔三二〇万グルデン〕の大金が費消されたという[14]。さらにフェリペ二世の時代に入ると、一五五七年アルバ公がネーデルラント総督に任命されたのを機に、同地方に自立、ひいては独立の運動が勃発することになる。熾烈な戦いとなったが、それにつれて戦費も高騰化する。スペインでは一五四二年、国庫収入五七八万八〇〇〇リーブル中、軍事支出は二一万四〇〇〇リーブルにすぎなかったが、一六一〇年には軍事費支出は九三％にも達しているのである[15]。これでは国家財政を維持するためには、フッガーをはじめとして、新たに台頭してきたジェノヴァ人などの融資に依存するほかはないであろう[16]。

表22　16世紀スペイン政府国家通常収入
（単位：100万 Maravedis）

	1516年	1553年
コルテス献上金	37	136
通常租税・関税	380	500
マエストロラゴ請負収入	51	89
鉱産物収入	26	395
	494	1120

スペイン政府の破産

こうした変化を端的に示したのが、フッガー第三世代の経営者ハンス・ヤコプの一五六三年の決算書である。様相を一変したそれを表示すれば、表23の如くである[17]。これによれば、生産関係への関わりは消え、スペイン政府への貸付けが全資産の八〇％を占めるにいたっている。

表23　1563年フッガー家決算書

【資産】	
スペイン政府への貸付	4,629,719
アントヴェルペンでの貸付	782,694
現金その他	85,164
計	5,661,393
【負債】	
商会資本金	2,020,224
スペインにおける負債	928,734
アントヴェルペンでの負債	1,967,805
アウクスブルクにて	97,158
手形義務	301,000
その他	84,267
計	5,399,188

そういう状況のなかで、フェリペ二世は一五五七年、最初の政府債務支払い停止令を発布する。年五％利子付き公債の強制的な引き受けでもって、それに代えようというのである。この停止令は一五七五年、一六〇七年と繰りかえされた。[18] しかし、フッガーはそうした措置を承知せず、更なるスペイン政府への前貸しによって、スペインの立ち直りを、空しくも期待したのであった。その結果は、歴史家ケーレンベンツをして、「一七世紀半ばまでにハプスブルク家〔オーストリアの家系も含む〕に対する貸付けでフッガーが被った損失は、全部で八〇〇万ライングルデン〔約五七〇万ドゥカーテン〕と評価しても高すぎることはない」[19]といわしめる結末となったのである。

「フッガー家の時代」の終末

そういう先が見えながら、フッガーがなおもスペイン政府への貸付けにしがみついていたのには、確固とした経営指導者が欠けていたからである。富豪ヤコプに子供が恵まれなかったのに対し、ハンス・ヤコプは二一人の子宝に恵まれ、それだけ経営権が分散し、統一的指導ができなかったからである。一五六三年、経営持分権をもった者は六名を数えるが、そのなかで離脱者が相次いだ。離脱者の出資金は利子付き供託金として商会内に留めおかれ、一六一〇年の決算によれば、負債総額五〇〇万グルデンのうち八割を占めている。[20]

最後に一五七六年八月、スペイン軍によるアントヴェルペンでの略奪行為は、成長しつつあった国際金融市場を破壊し、フッガー家をはじめとする南ドイツ資本家に致命的打撃を与えた。輝かしい「フッガー家の時代」は終わりを告げたのである。

（1）Städte Chroniken（Augsburg, Ⅳ: C. Sender), S.197–200, Pölnitz, 2, S.592f.

（2）Ehrenberg, S.122, 134f., 148f. 諸田『フッガー家の遺産』一五八頁。

（3）Ehrenberg, S.119.

（4）Häbler, S.74. カールは一五二三年、教皇勅書によって三騎士団長に任命されていた。

（5）Häbler, S.75. 借地経営からあがる利益はスペイン貨幣で年五〇 quentos de maravedis、この年はフッガーの債務二〇万ドゥカーテンが差し引かれ、その残りが政府に支払われた。

（6）Häbler, S.78.

（7）Häbler, S.85.

（8）借地料の高騰を数字で示すと、以下の通りである（年率）。Häbler, S.89f.

一五三八—四二年	五七〇〇万 Maravedis
一五四七—五六年	六一〇〇万M.
一五六三—七二年	九三〇〇万M.
一五七三—八二年	九八〇〇万M.
一五八四—九四年	一億一〇〇万M.
一五九五年以降	一億一〇〇〇万M.

（9）Häbler, S.86f.

（10）第四章七三頁。

（11）H. G. Königsberger, The Habsburgs and Europe 1516–1660, 1970, p.38. スペイン国家諸収入については、諸田、一八三頁以下に詳細な考察があるが、そこに挙げられている項目と金額とにほぼ照合するものと考えて、ケーニヒスベルガーの簡潔な数字を取ることにした。

（12）第一一章、表30（後出、一四一頁）を参照せよ。

（13）H. J. Kirch, Die Fugger und der schmalkaldische Krieg（Leipzig, 1910), S.26f.

（14）諸田『フッガー家の時代』一四〇頁。

（15）Sombart, Krieg und Kapitalismus, S.54.
（16）フッガーに対するフェリペ二世の不断の借り入れについては、諸田、一五五頁以下をみよ。
（17）Ehrenberg, II, S.200f.：Häbler, S.158f., 197.
（18）Ehrenberg, II, S.162, 178, 180.
（19）諸田、一五八頁。
（20）Häbler, S.201f.

第十章　新大陸における貴金属の出土状況

ドイツで銀の生産が低下に向かいつつあるとき、新大陸では多くの貴金属鉱山が発見されていた。いまそれを概観すると以下の通りである。

西インド諸島の金

まずコロンブスだが、西インド諸島で期待した金が発見できず、いささかあせり気味であったが、一四九九年ようやくチバオ Cibao で金鉱を発見し、水洗い選別で日々六、ないし一二カステラーノス Castellanos の産額があると報告している。コロンブスが一五〇二年六月二九日、サント・ドミンゴに現れたとき、金二〇万ペソを積んだ、スペイン向けの帆船が用意されていた。半分は国王に献上し、半分は私有を予定されていた。ラス・カサスは当時、この二〇万ペソが二〇〇万ペソに感じられたと述べている。エスパニョーラには、このとき、王立の水洗い選別所が二カ所に設けられ、すべての金の粒末が集められることになっていた。オヴァンド Ovando の報告によれば、ここに集められた金粒末は年三〇万ペソにたっし、のち四五万ペソにたっした。このエスパニョーラ選別・精錬所には、一五二四年まで、キューバ、ジャマイカ、ポルトリコの金が集められた。一五一九年の総督ヴェラスケス Velasqyuesz の報告によると、金の精錬額は一〇万四八五八ペソにたっしたという。そのうち、二万五五八一ペソが国王への貢納分である。こうした噂が多くの移住者をキューバへと誘致したが、まもなく鉱脈は尽きた。

カルタヘナの近くのゲッラ Guerra では、三万カステラーノスが得られた。一五二五年にヴカラグヮへの遠征では、八万カステラーノスの金が略奪できた。スペイン宮廷にいたヴェネツィアの使節カスパーロ・コンタリーニの報告によれば、一五二〇年頃、新世界から入ってくる金は年額五〇万ドゥカーテンといわれ、これがほぼ信頼できる数字であろう。ゼトベーアの換算するところに従えば、一四九三―一五二〇年の金流入総額は一万八〇〇〇～二万kg、年七〇〇kgと推定されているのである。(1)

メキシコの銀

一五二〇年、征服者コルテスがアズテカ帝国に接近しつつあるころ、タスコ Tasko と命名されたところで良質な銀が発見されていたが、組織的深掘などはおこなわれてはいなかった。首府メキシコ・シティの近くのチョルーラで、コルテスはモンテズマ皇帝から三〇〇〇ペソの贈り物を受け取っている。さらに皇帝は、コルテスのいうがままに全国から金・銀をあつめさせ、その量は、融解すれば金三万二四〇〇ペソにたっするものと推定された。そのほかコルテスは金・銀器を融解させ、その総額は一〇万ドゥカーテンと評価されている。バーナル・ディアス Bernal Diaz が、スペイン王に献上された総額が六〇万ペソと評価しているのも、当たらずとも遠くないものであった。しかし、この貴重な積載品は、スペインへの輸送中、フランスの海賊フローラン K. J. Florin によって強奪され、フランスにもっていかれてしまった。コルテスは、その代替物として皇帝カールに、銀器二四五〇カスティリア・ポンド分（一一二七kg＝二万四五〇〇ペソ）を贈っているのである。(2)

一五二二年、王室へ納められる「五分の一税 Quinto」額から計算すると、同年の納入額は金四万八五六八ペソ、銀五八マルクであった。(3)

このころになると、そろそろ鉱山が発見されることになる。一五二九年、コルテス不在中に土地の管理を委ねられた司教ズマラッガ Zumarraga がサラザール Salazar で三万ペソの金鉱を発見しているが、数千人の水洗い選別奴隷を使っての成果であろう。同じころ、デルガディーロ Delgadillo 兄弟が、テポツコルーラ Tepozcolola 鉱山で水洗い選別工六〇〇〇人を使役している。(4)

メキシコに造幣所建設さる

一五三一年のザルメロンSalmeronの報告によると、カスティリアの貨幣と同一の貨幣を作る造幣所の建設が提言されている。銀一マルク＝二一五〇マラヴェディスと定め、以後、金の日常流通・輸出を止める、というのである。皇帝は、鉱脈が乏しく、いまでさえ「十分の一税」しか取れないのに、銀を造幣所にまわせば、取り分がもっと減少するのではないかと恐れて反対した。[5] また当時、多数の小鉱山が乱立して、多数の奴隷が酷使されていた。どうか原住民を奴隷化しないでほしい、彼らは本来は農民なのだからと、スペイン女帝は一五三二年一一月、メキシコの司教に切々と訴えているのである。[6]

副王アントニオ・デ・メンザーザ（在任一五三五―一五四九）のとき、メヒコの造幣所が始動を開始した。はじめは「五分の一税」を納付していない鉱石の持ち込みは死罪でもって禁じられていたが、副王の提案（一五七年）で鋳貨から納付されることになった。[7]

新銀山の発見

一五四五年、サカテカス Zacatecas の銀山が発見され、ただちに発掘を開始した。銀鉱山の組織的開発にあたったのは、ドイツから派遣されてきた坑夫たちで、彼らは一五三〇年代、ウェルザー家によってヴェネズェーラに二四名派遣されてきており、ヴェネズェーラでは銀開発に失敗していたが、彼らはメキシコでは大いに役立ったのである。一五三六年には別の坑夫たちがスルテペック Sultepecni 鉱山に派遣され、また驢馬曳き鉱石粉砕機も導入された。

一五六二年、サカテカス鉱山には三三基の粉砕機があったといわれる。* 一五五八年には、ドゥランゴ Durango、さらに豊富な鉱脈であることが判明したグァナファァート Guanaxuato（フェタ・マドル Veta Madre）の銀山が発見された。[8] それらの前年の一五五三年、アマルガム精錬法の実験が成功し、新銀山の精錬はスムーズに進んだのである。

＊　近藤「水銀アマルガム法」一二九頁以下。

このように頻繁に銀山が発見されるようになると、公的記録類も整備されてくる。いまテルノー・コンパン Ternaux Compan の記録によって、メキシコ銀山の産出額を掲げると、表24の如くである。[9]

一六世紀半ば、メキシコ造幣所が始動を開始しているので、それ以後の上掲の数字は、王室に引き渡される銀の量を意味し、実際の造幣量はその五倍にたっした。ゼトベーアにいわせれば、一五八一―一五八七年間、年平均の送金額九三万二〇〇〇ペソの五倍の四六六万九〇〇〇ペソが実際の銀出土量ではなかったかといわれる。メキシコ銀の量は想像以上に多かったのである。[10] この膨大な銀の精錬のため、一五六二年、サカテカスに三五カ所の精錬所が設けられており、フンボルトの評価によれば、そのうち七八%がアマルガム法によって、他は従来型の方式で精錬されていたという。(11)

上記の司政官下の記録数字を理解しやすくしたゼトベーアの年平均値も表25に掲げておく。(12)

一五八七年以降、一八七一年までは、フランス人の技術者で、長年メキシコ銀山で働いてきたロール P. Laur の記録がある。一六九一年からは、メキシコ造幣所での造幣額が記録されているので、記録はほぼ確実となる。なお、メキシコのやや北方、グェレッロ Guerrero、ヤリスコ Jalisc、シナロア Sinaloa、ソモラ Somora では、豊富な金が産出したので、(13)銀と合わせて、その産出額を掲載したい。しかし、その数字は詳細で、煩瑣きわまりないもので

表24　初期メキシコの銀出鉱記録

年代	司政官の名前	ペソ
1522	Fernand Cortes	52, 709
1524		99, 264
1525		30, 987
1526	Alonzo d'Estrada	23, 377
1527		47, 505
1528		33, 015
1530		20, 142
1531		24, 971
1532		40, 927
1533		40, 272
1534		104, 440
1535	D. Antonio de Mendosa	16, 250
1536		32, 500
1537		38, 108
1538		—
1539		65, 407
1540		132, 996
1541		16, 599
1542		113, 239
1543		50, 524
1544		164, 136
1545		26, 483
1546		—
1547		20, 497
1548		115, 990
1549		—
1550		236, 344
1551	D. Luis de Valeco	61, 635
1552		—
1553		165, 630
1554		165, 636
1555		207, 108
1556		423, 014
1557		167, 078
1558		313, 543
1559		—

1560		268, 702
1561		252, 937
1562		284, 857
1563		315, 218
1564		333, 209
1565	L′audience royale	424, 400
1566		480, 597
1567	Le marquis de Talces	517, 394
1568		931, 464
1569	L′audience royale	338, 737
1570	D. Martin Enriques	811, 484
1571		704, 373
1572		684, 052
1573		690, 066
1574		685, 620
1575		641, 273
1576		934, 391
1577		1, 111, 202
1578		937, 002
1579		835, 304
1580	Le comte de Coruna	734, 285
1581		521, 883
1582		582, 293
1583		775, 483
1584	L′auduence royale	835, 720
1585	L′archevéque	800, 474
1586	Le marquis d. Villa Marnrique	1, 114, 588
1587		1, 812, 051

表25　表24の要約表示（単位：ペソ）

年代	総数	年平均値
1522-1530	307, 001	33, 000
1531-1540	490, 873	49, 087
1541-1550	743, 821	74, 382
1551-1560	1, 773, 347	177, 335
1561-1570	4, 690, 308	469, 031
1571-1580	7, 957, 580	795, 758
1581-1587	6, 522, 495	931, 785

あるので、ゼトベーアの要約を掲載（表26）するにとどめる。(14) 近世の状況を知るには、上記の数字で十分であろう。

ニュー・グラナダの金

黄金郷としてもてはやされたニュー・グラナダ、今日のコロンビアの探検は比較的遅く始まった。一五二四年北部海岸にサンタ・マルタ、一五三二年カルタヘナの町が建設されて、ようやくその緒につく。一五三六年四月、ゴンサロ・ヒメネス・デ・ケサダが九〇〇名の部下を率いて、サンタ・マルタを出発し、マグダレナ河に沿って奥地に入ったが、その進路は悪戦苦闘の連続であった。八カ月目に今日ボゴタとよばれる平穏な高原地帯に到着し、小王国を築いているそこのインディアンたちを支配することに成功した。出発時九〇〇名を数えた隊員は、一六六名に減っていた[15]。

ニュー・グラナダは早くから金産地として喧伝されており、一五三四年の最初の探検隊は、あるインディアンの村で、重さ一五万ペソの金製の鐘、死者の埋葬に添えられた金三〇万ペソを得ている。一五四一年には、こうした金・銀を基礎にして、アンティオキア、カルタゴが建設されている。ケサダの報告によると、彼自身二万九一〇〇ペソを得たといわれる。

地域内いたるところで紺を産出した。シャポンシーカ Chaponchica、モコア Mocoa、サン・セバスティアン・デ・ラ・プラタ San Sebastian de la plata、サンチャゴ・デ・カーリ San Jago de Cali、ガダリャーヤーラ Guadala-jara などがそうである。カルタゴでは、年三万ペソの金が出た。アンセルナ市の金鉱では、一〇〇〇人の黒人が働き、年産七万ペソを得た。アルマ Arma 市では、五〇〇〇〜六〇〇〇ペソを得たが、インディアンの人口は八五

表26　初期メキシコの金・銀年産額
（単位：ペソ）

年代	銀年産額	金年産額
1522-1544	234, 200	135, 250
1545-1560	589, 600	100, 800
1561-1580	1, 965, 900	230, 600
1581-1600	2, 912, 900	308, 400
1601-1620	3, 184, 200	269, 900
1621-1640	3, 457, 900	255, 500
1641-1660	3, 731, 600	236, 500
1661-1680	4, 005, 000	231, 900
1681-1690	4, 210, 000	222, 200
以下、造幣所渡し		
1691-1700	4, 206, 500	220, 000
1701-1710	5, 506, 000	270, 000
1711-1720	6, 699, 000	330, 000
1721-1730	8, 602, 000	390, 000
1731-1740	9, 068, 000	390, 000
1741-1750	10, 664, 000	528, 000
1751-1760	12, 585, 000	411, 000
1761-1770	11, 507, 000	654, 000
1771-1780	16, 903, 000	867, 000
1781-1790	18, 844, 000	552, 000
1791-1800	22, 235, 000	934, 000
1801-1810	21, 562, 000	1, 072, 000
1811-1820	10, 961, 000	603, 000
1821-1830	9, 304, 000	550, 000
1831-1840	11, 627, 000	487, 000
1841-1850	14, 765, 000	1, 123, 000

万人から五〇〇人に減った。アンティオキア地区では、年五万ペソの生産をあげながら、インディアンは一〇万人から三〇〇人に激減したのである。全体としては年三〇万ペソの産出量であったが、そのうち公的造幣所に引き渡されたのは半数弱の一三万ペソにすぎなかった。ゼトベーアの計算によれば、一五四五―一六〇〇年の間、平均して九万カスティリア・マルクであったとされる。

ニュー・グラナダの金はその後も増産した。金・銀比価が一対一一から一対一四・五九に跳ね上がった故もある。一七一八年ボゴタで、一七四九年ポパヤン Popayan に造幣所が設立されている。[16]

ペルーの金・銀

一五三三年、スペイン人はペルーに入ったとき、インカの首長アタファルパ Atahualpa を捕らえたが、彼は多量の金・銀を積むことで釈放された。その二年後、スペイン人は首府クスコの略奪をおこなったが、そのときの条件の金の量は、長さ二二フィート、幅一七フィートの部屋一杯に、男の背の高さまで満たすこと、そのほか銀で二部屋を満たすこと、というものであった。この過激ともいうべき条件を満たすため、四方にインカ人が派遣されたという。この話はペルーの富の豊かさがいかに想像を絶するものであったかを物語っている。インカ皇帝の保釈金は、金九七万六一三三ペソ、銀四万九九九一マルクと記録されている。これに王室への「五分の一税」を加算すると、金一二二万一六六ペソ、銀五万七八九マルク、メートル法に換算すれば、金五五五二kg、銀一万一八二二kgに達したのである。この記録は「インド古文書」に明記されており、信頼できる。[17]

この釈放金とクスコ略奪物を合算すると、金六六五四kg、銀二万六〇〇〇kgと評価される。

さらにスペイン人は、以前から掘られていたクスコの近くのカルカス Charcas 銀鉱を、インカの奴隷労働を使って、いち早く経営を始めた。一五三九年一一月三日付け、スアレス・デ・カルヴァヤル Suarez de Calvajar が皇帝にあてた書簡は次のように書いている。「以前、陛下にお知らせしたように、エルナン・ピサロはカルカス

表27　17世紀以降ペルー諸銀山の出鉱量

パスコ Pasco（1630年発見）			
1630–1792年	年額　200,000マルク	総額	274,400,000ペソ
1792–1805年			24,901,000ペソ
フアルガヨック Hualgayoc			
1771–1773年	年額　170,000マルク	総額	4,300,000ペソ
1774–1802年		総額	18,533,900ペソ
1803年	年額　504,000ペソ		
フアンタヤーヤ Huantajaya			
16世紀–1803年	年額　150,000～200,000ペソ	総額	350,000,000ペソ
		ペルー諸鉱山の総計	672,638,900ペソ
ブラジルへの流出量			200,000,000ペソ
		総合計	872,638,000ペソ

で大変豊富な銀をもった鉱山を発見しました。それ以後も、さまざまな土地で豊かな鉱山を発見しています」と。一五五〇年の一書によると、カルカス銀山一カ所で、それまでに二〇万カステラーノを得たといわれている。[18] この銀山は一五四五年以後、産額を減らすが、企業家の注目がその近くの鉱山ポトシに引かれたからである。

以下は、信頼にやや乏しいが、フンボルトの研究*にもとづいて、ポトシ以外の、ペルーの銀鉱山の一七世紀以降の動向を後付けると、表27の通りである。[19]

＊ A. von Humboldt, Essai politique sur le Royaume de la Nouvelle-Eapsgnae, 3 volms, Paris, 1809, —2. éd. 1827. アレクサンダー・フォン・フンボルト（一七六〇—一八五九）…ドイツの自然科学者、地理学者。言語学者、政治家でベルリン大学の創設に尽くしたカール・ヴイルヘルムの弟。

ポトシ Potosi（ボリビア）

ラテン・アメリカでの銀発見の歴史でもっとも驚異的出来事があったとすれば、それは一五四五年のポトシ銀山の発見であろう。ここでも初期の記録は失われているが、史家ハーリングの比較的新しい研究によれば、王室への「五分の一税」の課税記録から、一五四五—一五四八年、八三万五六五ペソ、一五四八—一五六〇年、三四一万九四五ペソ、計四二四万一五一〇ペソと評価されている。年平均七〇万ペソ

表28　ポトシ銀山の年間出鉱量（単位：ペソ）

年代		年代		年代		年代	
1556	450, 734	1586	1, 456, 958	1616	1, 257, 500	1646	840, 982
1557	468, 535	1587	1, 226, 328	1617	1, 071, 932	1647	891, 287
1558	387, 032	1588	1, 441, 657	1618	1, 061, 264	1648	1, 123, 932
1559	377, 931	1589	1, 578, 824	1619	1, 108, 745	1649	1, 067, 376
1560	382, 426	1590	1, 422, 576	1620	1, 069, 500	1650	917, 846
1561	405, 656	1591	1, 562, 522	1621	1, 099, 244	1651	767, 410
1562	426, 782	1592	1, 578, 450	1622	1, 093, 201	1652	796, 244
1563	449, 965	1593	1, 589, 662	1623	1, 083, 642	1653	759, 905
1564	396, 158	1594	1, 403, 556	1624	1, 086, 999	1654	835, 110
1565	519, 944	1595	1, 557, 221	1625	1, 024, 794	1655	754, 784
1566	486, 014	1596	1, 468, 183	1626	1, 033, 869	1656	804, 071
1567	417, 107	1597	1, 355, 955	1627	1, 068, 612	1657	933, 441
1568	398, 381	1598	1, 310, 912	1628	1, 172, 352	1658	877, 862
1569	379, 907	1599	1, 339, 685	1629	972, 807	1659	799, 609
1570	325, 467	1600	1, 299, 029	1630	962, 251	1660	652, 729
1571	266, 201	1601	1, 477, 490	1631	1, 067, 002	1661	623, 251
1572	216, 117	1602	1, 519, 153	1632	964, 370	1662	638, 167
1573	234, 972	1603	1, 478, 698	1633	1, 003, 756	1663	579, 127
1574	313, 779	1604	1, 326, 232	1634	984, 415	1664	605, 450
1575	413, 487	1605	1, 532, 647	1635	946, 781	1665	655, 557
1576	544, 615	1606	1, 434, 982	1636	1, 424, 758	1666	675, 729
1577	716, 088	1607	1, 414, 660	1637	1, 197, 572	1667	708, 870
1578	825, 505	1608	1, 200, 489	1638	1, 174, 393	1668	691, 169
1579	1, 091, 025	1609	1, 132, 650	1639	1, 128, 738	1669	624, 127
1580	1, 189, 323	1610	1, 139, 725	1640	978, 483	1670	554, 614
1581	1, 276, 873	1611	1, 299, 052	1641	940, 367	1671	667, 992
1582	1, 362, 856	1612	1, 329, 702	1642	905, 798	1672	624, 038
1583	1, 221, 428	1613	1, 200, 947	1643	924, 659	1673	676, 811
1584	1, 215, 558	1614	1, 269, 693	1644	871, 174	1674	673, 695
1585	1, 526, 455	1615	1, 354, 412	1645	908, 415	1675	567, 828

であり、妥当な数字のようにおもわれる。[20] 一五五六年以降は公式記録があり、ゼトベーアに従って、一六七五年までのその年間出鉱量を煩を厭わず記すと、表28の如くである。[21]
ポトシの頂点は一五八〇年代から、およそ一世紀ばかり続き、一七世紀半ば、半分に落ちているが、一八世紀初頭まで、その水準を維持しているのである。

（1）Soetbeer, S.47.
（2）Ibid., S.50.
（3）Ibid.
（4）Ibid.
（5）Ibid., S.51.
（6）Ibid.
（7）Ibid.
（8）Ibid.
（9）Ibid., S.51f.
（10）Ibid., S.52.
（11）Ibid., S.53.
（12）Ibid., S.52.
（13）Ibid., S.54.
（14）Ibid., S.55.
（15）さしあたって、瀬原『皇帝カール五世とその時代』六五頁。
（16）Soetbeer, S.60f.
（17）Ibid., S.65f.
（18）Ibid., S.66.
（19）Ibid., S.66.
（20）ポトシの最初期の出鉱量については、フンボルト、ゼトベーアなど種々の評価（Soetbeer, S.71）があるが、現在のところハーリングの数字がもっとも信頼できるようにおもう。C. H. Haring, American Gold and Silver Production, p.456.

(21) Soetbeer, S.72f.

第十一章　新大陸銀の奔流とヨーロッパ経済の変動

第一節　新大陸銀の奔流

ヨーロッパ銀産量と新大陸銀産量の比較

これまで新大陸の貴金属出土状況について述べてきたが、それらは王室宛の「五分の一税」が差し引かれたのち、一部は現地の造幣所に引き渡され、他は王室取り分、私有取り分に分けられ、スペイン本国へ送致された。その銀の流入がどの程度の規模であったか、という問題については、アレクサンダー・フォン・フンボルトによる最初の科学的探求に始まり[1]、一八七九年ゼトベーアの研究にいたって、画期的成果を生むことになるが、いま、その銀年生産高の概括的部分を紹介すると、表29の如くである[2]。

この統計表によれば、一五四五年、ポトシ銀山の開発以来、新大陸の銀は中部ヨーロッパの銀の四倍にたっし、一六〇〇年代に入ると、じつに十数倍にもなっている。これにアフリカ、ニュー・グラナダ（コロンビア）などから流入する、これまた莫大な金（後出一四三頁、表32をみよ）を勘定に入れるならば、ヨーロッパに対する新大陸の貴金属生産の圧倒的優位が知られるであろう。確かにゼトベーアの出した数値は、大筋においては変わらないであろうが、部分的には、その後、その数値に対してさまざまな修正意見が出されている。

ネフのヨーロッパ銀産量の修正意見

まず、ネフJ. U. Nefは、一五世紀末ドイツ、およびハプスブルク支配地での銀生産が過小評価されていること、

表29　ヨーロッパ・新大陸銀生産高比較表（単位：kg）

年代	Germ.	Austr.	oth. Europe	Mexico	Peru	Potosi
1493-1520	11,000	24,000	12,000	—	—	—
1521-1544	15,000	32,000	12,000	3,400	27,300	—
1545-1560	19,400	30,000	13,000	15,000	48,000	183,200
1561-1580	15,000	23,500	10,000	50,200	46,000	152,800
1581-1600	14,300	17,000	10,000	74,300	46,000	254,300
1601-1620	10,400	11,000	8,000	81,200	103,400	205,900
1621-1640	6,000	8,000	13,000	88,200	193,400	172,000
1641-1660	6,500	8,000	11,000	95,200	103,400	139,200
1661-1680	7,000	10,000	10,000	102,100	103,400	100,500
1681-1700	11,400	10,000	9,000	110,200	103,400	92,900

一六世紀三〇年代までの同地域での生産もまた過小評価されていると批判するのである。[3] 確かにシュヴァーツでは、一四八〇―九〇年間、年平均四万一四六五マルク＝九六六〇kgの銀を産出したし、[4] またシュネーベルクでは、一四七一―八〇年間、年平均三万一四二〇マルク＝七三四〇kgを生産していた。[5] あるいは、マンスフェルト銅山では、その全盛期の一五三〇年代に、毎年二〇〇〇トンの銅を産出し、副産物として銀五万マルク、平均して四万マルクを得ていた。[6] さらにアルザス地方のレーバータール Lebertal 鉱山で、年産九〇〇〇マルクの銀を産出していたが、ゼトベーアの計算に入っていないというのである。[7] ただし、一五二六―三五年、アンナベルクとマリーエンベルクが、各五万マルクを産出したにちがいない、というネフの主張は誤っており、前者は平均一万二五〇〇マルク、後者は三〇〇〇マルクにすぎない。[8] 後者の全盛は一五三八年以後に訪れ、年平均二万二七〇〇マルクにたっしている。ネフは、ボヘミア銀山に対するゼトベーアの評価もまた過小であると批判する。ヨアヒムスタールは、一五三三年絶頂期を迎え、この年八万七五〇〇マルクを産出し、一五二六―三五年の年平均生産額は五万四〇〇〇マルクにのぼった。それにクッテンベルク、ベルクライヘンシュタイン Bergreichenstein、プリブラム Pribram、ブドヴァイス Budweis 鉱山などを加えると、この時期のボヘミア銀生産量は、年間八万五〇〇〇ウィーン・マルク＝二万三八〇〇kgと評価される、というのである。[9]

ネフの挙げたこれらの数値を、ゼトベーアの数値を訂正して、統計表に編み込むとすれば、次のようになろう。すなわち、新たに一四七一—一四九二年の欄を設け、ドイツについて八〇〇〇kg、オーストリアについては一万kgと記載する。一五二一—四四年の欄では、ドイツについては、マンスフェルト、アンナベルク、マリーエンベルク、レーバータールの分を一万五〇〇〇kgと見積もって、付加する。オーストリアについては、一七万五〇〇〇マルク＝四万九〇〇〇kg[10]とすることになろう。

ハーリングの新大陸銀産量に関する批判

次に、新大陸銀の生産額、およびその移送についてであるが、これに関するゼトベーアの数値を批判したのはレクシスW. Lexis[11]、ハーリングC. H. Haring[12]であった。とくに後者は、セヴィリアに保存されている「西インド商館Casa de Contratación」の記録、スペイン各植民地の国庫収入原簿を基礎にして、厳しい批判を展開している。いま、その批判の過程を詳しくたどる余裕はないが、セヴィリアに入ってくる金・銀は、その種類を区別することなく、ただその価格のみが記録されているという欠陥があることに注意しなければならない。その上で、ハーリングの結論部分だけを取り出すと、メキシコ銀——ここでは、一五四六年サカテカスZacatecas、一五四八年グァナファートGuanajuato両銀山が発見されていた——は、一五二一—四四年間に四一三万九一七〇ペソpesos fuentes(of 8 Real)[13]——以下、ペソという場合、pesos fuentesをさす——、一五四五—六〇年間に二二四六万七一一〇ペソが送金されてきたといわれる。[14]年平均にすると、前者は一七万二〇九〇ペソ、後者は一四〇万四一九四ペソとなる。銀貨四〇ペソが一kgに相当するので、[15]前者は四三〇〇kg、後者は三万五一〇〇kgと換算される。この数値は、ゼトベーアの三四〇〇kg、一万五〇〇〇kgを大きく上回っている。

次にペルーであるが、ここでも記録では北ペルー、中部ペルー（ポトシ）といった区別がなされていない。ハーリングは、ポトシの生産額を、王室へ納付される「五分の一税Quinto」から算出する。同鉱山に対する「五分の

表30　セヴィリア入港貴金属金額の推移（単位：pesos fuentes）

年代	国庫所属	個人所属	総計
1503–1510	75,176.3	211,756.2	286,932.5
1510–1520	114,690.5	323,059.4	437,749.9
1521–1530	61,444.6	173,076.6	234,521.2
1531–1540	356,649.1	760,974.7	1,117,624.9
1541–1550	470,092.0	1,622,451.2	2,092,543.2
1551–1560	1,039,400.4	2,533,505.2	3,572,905.9
1561–1570	1,120,855.2	3,948,895.0	5,060,750.2
1571–1580	1,989,667.8	3,842,042.2	5,831,710.0
1581–1590	3,118,763.3	7,522,685.2	10,641,448.5
1591–1600	4,199,533.3	9,723,189.3	13,922,672.6
1601–1610	3,013,912.9	8,147,794.1	11,161,707.0
1611–1620	2,312,141.9	8,615,974.2	10,928,116.1
1621–1630	1,901,991.4	8,491,049.6	10,393,041.0
1631–1640	1,885,025.5	4,800,065.7	6,685,091.2
1641–1650	1,261,754.9	3,845,115.0	5,106,869.9
1651–1660	569,080.4	1,561,896.1	2,130,976.5

一税」は、一五四五―四八年八三万五六五 pesos de minas、一五四八―六〇年三四一万九四五 pesos de minas、合計四二四万一五一〇 pesos de minas（七〇一万七二〇〇 pesos fuentes）であるが、初期の頃には、出土したすべての銀が公式に登録されたわけではなく、私的に略奪された部分が多く、その率は一五四五―四八年については産出物の半分、一五四八―六〇年については三分の一に達したとみなされる。[16] この私的略奪を含めて、一五四五―一五六〇年間の総生産高を計算すると、五六一〇万 pesos fuentes と計算される。[17] その一六年間の平均を取ると、三五〇万 pesos fuentes、重量に換算すると、八万七五〇〇kg となるが、これはゼトベーアの一八万三二〇〇kg、レクシスの評価一五万九三〇〇kg[18] と比べて、大きく下回る評価となっている。

ポトシ以外のペルーについては、ハーリングは、一五三三―六〇年の金・銀生産総額を二八三五万ペソと見積もるが、うち金が四〇％を占めたとみて、銀部分は一七〇一万ペソと見積もられる。[19] その生産の年代別推移が欠けている。そこで、生産額とスペインへの送金の比率が対応したと考えて、ハミルトン E. J. Hamilton による、年代別送金額推移の調査を参考にすることにした。セヴィリア港に入ってきた貴金属金額の推移は、表30の通りである。[20]

この表の一五二一―四〇年、一五四一―六〇年の各数値を一括プラスしてみると、前者は一三五万二一四六ペソ、後者は五六六万五四五四ペソとなり、その割合は一九対八一である。これを上記のペルー（ポトシを除く）銀に適用

表31　ヨーロッパ・新大陸銀生産高修正値表（単位：kg）

年代	Germ.	Austr.	oth. Europe	Mexico	Peru	Potosi
1471-1492	**8,000**	**10,000**	—	—	—	—
1493-1520	11,000	24,000	12,000	—	—	—
1521-1540	30,000	49,000	12,000	4,300	4,000	—
1541-1560	19,400	30,000	13,000	35,100	17,270	83,000
1561-1580	15,000	23,500	10,000	50,200	46,000	152,800
1581-1600	14,300	17,000	10,000	74,300	46,000	254,300

〔ゴチックは新規項目、下線部分は修正値。表29と比較してみよ。〕

すると、一五二一—四〇年については三二三万一九〇〇ペソ、一五四一—六〇年については一三七七万八一〇〇ペソの数値が得られる。年平均に直せば、一五二一—四〇年の推定年平均銀生産量は一六万一六〇〇ペソ＝四〇〇〇kg、一五四一—六〇年のそれは六八万八九〇〇ペソ＝一万七二七〇kgとなる。この数値は、ゼトベーアの一五四五—六〇年ペルーの四万八〇〇〇kgを半分以下も下回っている。

産量修正後のヨーロッパ・新大陸銀の比較、後者の圧倒的優位

以上述べてきたヨーロッパ銀、新大陸銀について加えてきた修正値を、ゼトベーアの統計表（一六〇〇年まで）に当てはめたのが表31である。

表31の統計は、もちろん、試論にすぎないが、一五二一—四〇年代、ドイツ・オーストリアの銀山が八万kgという豊富な産出を誇っていたこと、ポトシ開発直後も致命的打撃を受けるものではなかったが、しかし、一五六〇年代以降に、完全に水をあけられるいたったことが明白であろう。こののち、世界商品流通の主流はセヴィリア、リスボンを起点として展開されることになるであろうが、だからといって、ドイツ鉱山はその姿を消した訳ではない。たとえばフライベルク、マンスフェルトなどは依然として、水準を落とさずに活動を続け、とくに前者は、一九世紀半ば、二万kgの産出までに復興しているのである。[21]

表32　金産額推移統計表（単位：kg）

年代	Austr.	Africa	Mexico	New Granada	Peru	Chile	Potosi	Brazil
1493-1520	2,000	3,000	—	—	—	—	—	—
1521-1540	1,500	2,400	210	2,000	700	—	—	—
1541-1560	1,000	2,000	160	2,000	300	2,000	1,000	—
1561-1580	1,000	2,000	340	2,000	250	400	800	—
1581-1600	1,000	2,000	480	2,000	250	400	1,200	—
1601-1620	1,000	2,000	420	3,000	500	350	1,200	—
1621-1640	1,000	2,000	400	3,000	500	350	1,000	—
1641-1660	1,000	2,000	370	3,500	500	350	1,000	—
1661-1680	1,000	2,000	360	4,000	500	350	1,000	—
1681-1700	1,000	2,000	365	4,000	500	350	1,000	1,500
1701-1720	1,000	2,000	520	5,000	500	400	600	2,750
1721-1740	1,000	2,000	680	5,000	500	400	600	8,850
1741-1760	1,000	2,000	820	5,000	500	500	600	14,600
1761-1780	1,000	2,000	1,310	4,000	600	1,000	800	10,350
1781-1800	1,280	2,000	1,230	4,500	650	2,000	1,000	5,450

ヨーロッパ・新大陸の金産額

ついでに、ゼトベーアの研究によって、金産額の統計（一八〇〇年まで）を掲げれば、表32の如くである。[22]

この統計表で注目されるのは、スペイン領ニュー・グラナダ（現コロンビア）が恒常的に豊富な金産出を維持していたこと、一八世紀に入ってブラジルの金産出が驚異的上昇を遂げていることであろう。このことが歴史過程にどう反映しているかを検証するのが今後の課題であろう。

なお、表中のニュー・グラナダ金産出の一六世紀分について、ハーリングは、ゼトベーアの年平均二〇〇〇kgという数字を不正確と断じ、セヴィリア商館の記録をもとに、一五三八―五七年の総産額を六〇八一万一〇〇〇 pesos fuentes、つまり年生産額三〇万三六〇〇 p.f.（＝一八万二一〇〇 pesos de minas）とした。一 pesos de minas は、金四・一八グラムなので、年産額を重量に直せば、七六〇kgとなり、ゼトベーアの評価のほぼ三分の一強となる。[23] したがって、この表の取り扱いには慎重でなくてはならない。

また、金対銀の比価は、一六〇〇年代までは大体一〇・五～一二対一であったが、一七世紀に入って、一四～一五対一と高まっている。

〔追記二〕一七世紀前後、日本銀産業の全盛期

一六〇〇年前後、わが国でも膨大な銀が生産されていた。小葉田淳教授は書いている。「一六世紀末期に生野銀山から秀吉へ納めた運上銀は一カ年二万キログラムにおよび、一七世紀初頭に石見銀山の一間歩から家康に納めら

表33　アメリカ合衆国初期金採取状況（単位：ドラー）

地域	1804–1850年間採取総量	年代	左年代間採取総額
ヴァージニア	1, 198, 000	1801–1823	41, 000
北カロライナ	6, 842, 900	1824–1830	715, 000
南カロライナ	818, 160	1831–1840	6, 695, 000
ジョージア	6, 048, 300	1841–1850	7, 715, 800
テネシー、アラバマ	263, 300	計	15, 166, 800
	15, 170, 660		

表34　カリフォルニアの金産出量（単位：ドラー）

年代	記録されている輸出量	実際の輸出量
1848		10, 000, 000
1849	(66, 000, 000)	40, 000, 000
1850		50, 000, 000
1851前半	11, 597, 000	
1851	34, 960, 895	55, 000, 000
1852	45, 779, 000	60, 000, 000
1853	54, 965, 000	65, 000, 000
1854	52, 045, 633	60, 000, 000
1855	45, 161, 731	55, 000, 000
1856	50, 697, 484	55, 000, 000
1857	48, 976, 692	50, 000, 000
1858	47, 548, 020	50, 000, 000
1859	47, 640, 462	42, 325, 916
1860	42, 325, 916	39, 176, 758
1861	40, 676, 758	36, 061, 761
1862	42, 561, 761	33, 071, 920
1863	46, 071, 920	

れた運上銀は一万二〇〇〇キログラムにたっし、ほぼ同時代に佐渡相川鉱山の産出額は一カ年六万―九万はあったと推定される。一七世紀初期には、銀の輸出は一カ年二〇万キログラムにも達したのではあるまいか」(同著『日本鉱山史の研究』岩波書店、一九六八年、六頁。なお、同著、一二二、一四一、一六五頁も参照せよ)。まさにわが国はポトシ銀山に匹敵する、否、それを凌ぐ大銀産国であったのである。

〔追記二〕アメリカ合衆国の金産出

本題から外れるが、新大陸銀と関連して、アメリカ合衆国の金採取状況にも付言しておこう。一九世紀から始まった植民地人のアメリカ金の採取は、世紀半ば、東部海岸部に限られ、その産額は表33の通りであった[24]。これ以後、東部諸州の金産出額は急速に減り、代わってカリフォルニアでの驚異的ともいうべき金産出が始まるのである。いまゼトベーアによって、サン・フランシスコからの輸出記録量から金産出額を、そして、その記録が不正確であるとして、彼が実際の輸出量と推定した産出額を表示すれば、表34の如くである[25]。

第二節　ヨーロッパ経済の変動、始まる

スペインの衰退とオランダの経済的勃興

これらの新大陸貴金属の流入は、ヨーロッパ経済に大きな変動をもたらさずにはおかなかった。その変動の震源地はスペインであった。スペインに流入した新大陸の貴金属は、流出を禁ずる法的類が取られたが、それは漏水のように流れ出ていった。スペインの国家財政の危機はすでに触れたが、イタリア戦争に伴い、父カール五世から引き継いだ負債は莫大なものがあり、さらに一五六七年、アルバ公が軍隊を率いてネーデルラントに入り、ネーデルラント自立運動が公然と起こるに及んで、その傭兵費用が財政危機に拍車をかけた。対トルコに備えて建造した大艦隊の費用も、一五八一年レパントの大勝利をあげはしたものの、無視できないものがあり、しかもその「無敵艦

隊」は一五八八年にはイギリス艦隊によって壊滅させられてしまうのである。

それに、スペインでは国民に供給するだけの十分な穀物、衣類その他の生産がおこなわれておらず、加えて増加する新大陸への移住民たちの日常品需要が、諸外国からの輸入の増大をうながした。貴金属の流出を少しでも阻止しようと、スペインは一五五〇―一六〇六年、二〇〇〇万ドゥカーテン（一ドゥカーテン＝三七五マラヴェディス）の純銅貨を鋳造しているが、十分な成果を挙げることはできなかったようである。

スペインの困窮に反比例して、経済的躍進を示したのがネーデルラント、とくにその北部であった。その中心アムステルダムは、一五七六年略奪・破壊されたアントヴェルペンに代わって、ヨーロッパの金融取引市場として台頭したが、その担い手はユダヤ人であった。一五七九年の「ユトレヒト同盟」規約第十三条には、宗教的寛容が謳われ、一五九八年、最初のユダヤ人（ポルトガル在住）がアムステルダムにやって来た。一六〇九年には、二〇〇人にふえ、一六三〇年には一〇〇〇人にたっしている。その動向を示す一例をあげれば、リスボンのメンデ家で、同家は一五三六年ロンドンへ、次いでアントヴェルペン、リヨン、ヴェネツィア、ラグーサへ移り、最後はコンスタンティノープルに本拠を構え、国際金融業を展開しているのである。(26)

さらに北ネーデルラントの経済的上昇を示したものとして、織物業の繁栄があげられねばならない。一五世紀後半、ライデン市を中心とした北フランドルは大量のバルヘント織物（麻・木綿交織）を生産し、ニュルンベルクを通じてバルセローナに輸出している(27)――同輪出品中のトップ――が、一五七四年アルバ公による包囲攻撃の前後を除いて、織物産業の活況をすぐに取り戻した。その活況ぶりを数字で示せば、表35の通りである。(28)

ライデンの織物生産は一五八〇年代四万反、一六一〇年代六万反に、一六五〇年には一

表35　16世紀ライデン織物数量

織物種類	1587年	1610年
サージ織	23,047反	45,557反
ファスティアン織	12,000反	14,522反
「ラス ras」地	2,389反（1600年）	2,726反
「ラーケン laken」地	250反（1574年）	1,422反
「ベーズ baizes」地	3,033反（1584年）	8,202反

○万反にたっした。一五七四年直後の市民の気持ちがいかに飛躍的であったかは、同市織物生産の上昇図を見ても明らかであろう。これらの製品は明らかに、従来通り、スペインへ輸出されたものとおもわれる。農村毛織物生産で有名な北フランドルのホントスホーテHondeshoote、さらに一六世紀半ばに着実に織布生産を延ばしてきたヴェネツィアのそれをも図に添付した。

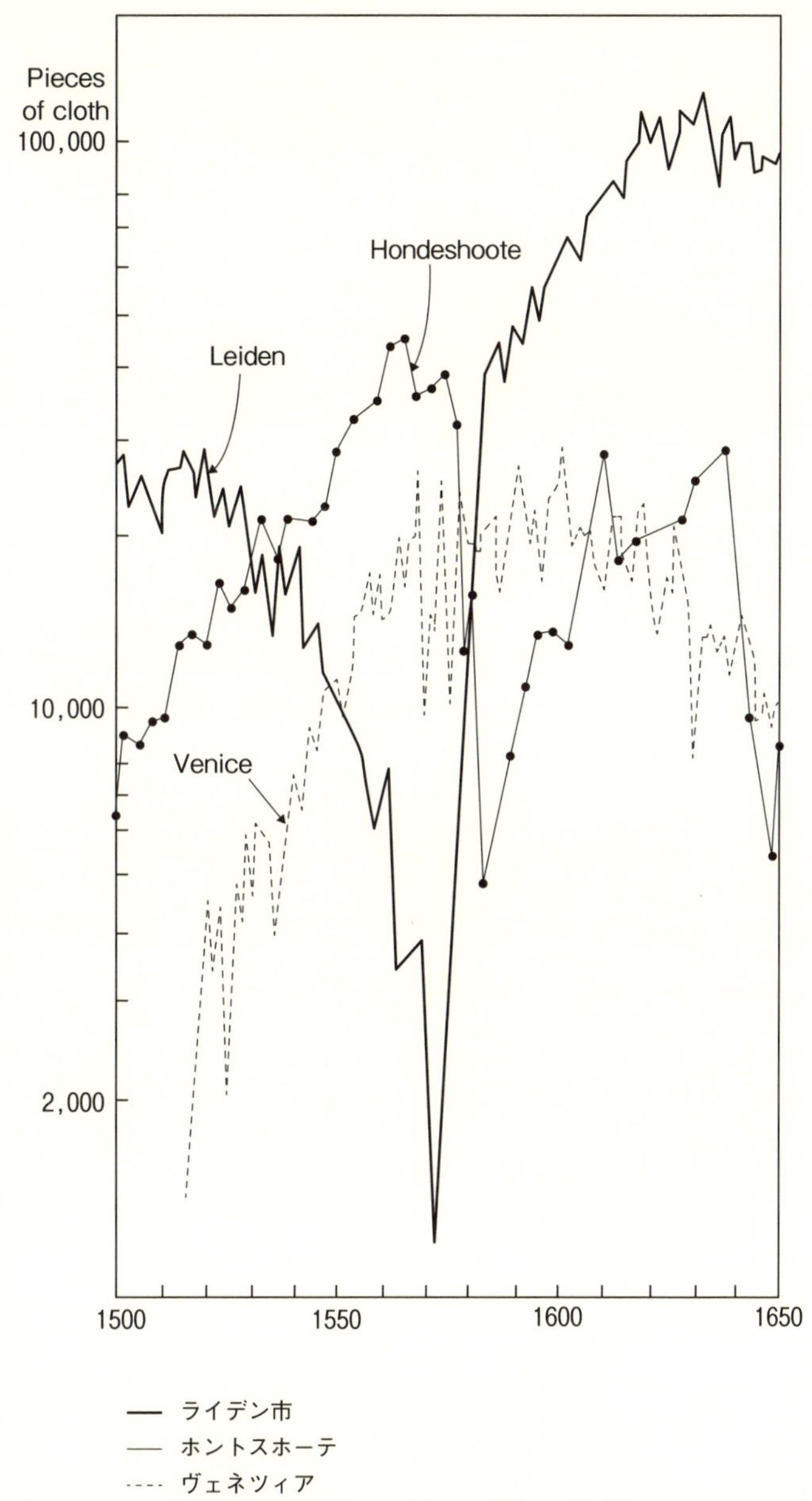

1500–1650年間のライデン市織物生産の推移

しかし、この間、ヨーロッパ毛織物産業の主導権はイギリスの維持するところであり、毎年一〇万反の水準を維持しているが、一七世紀オランダが政治的、経済的にイギリスを脅かすにいたり、大々的戦闘を挑み、一七二〇年の英蘭戦争の勝利によって覇権を確立するのである。

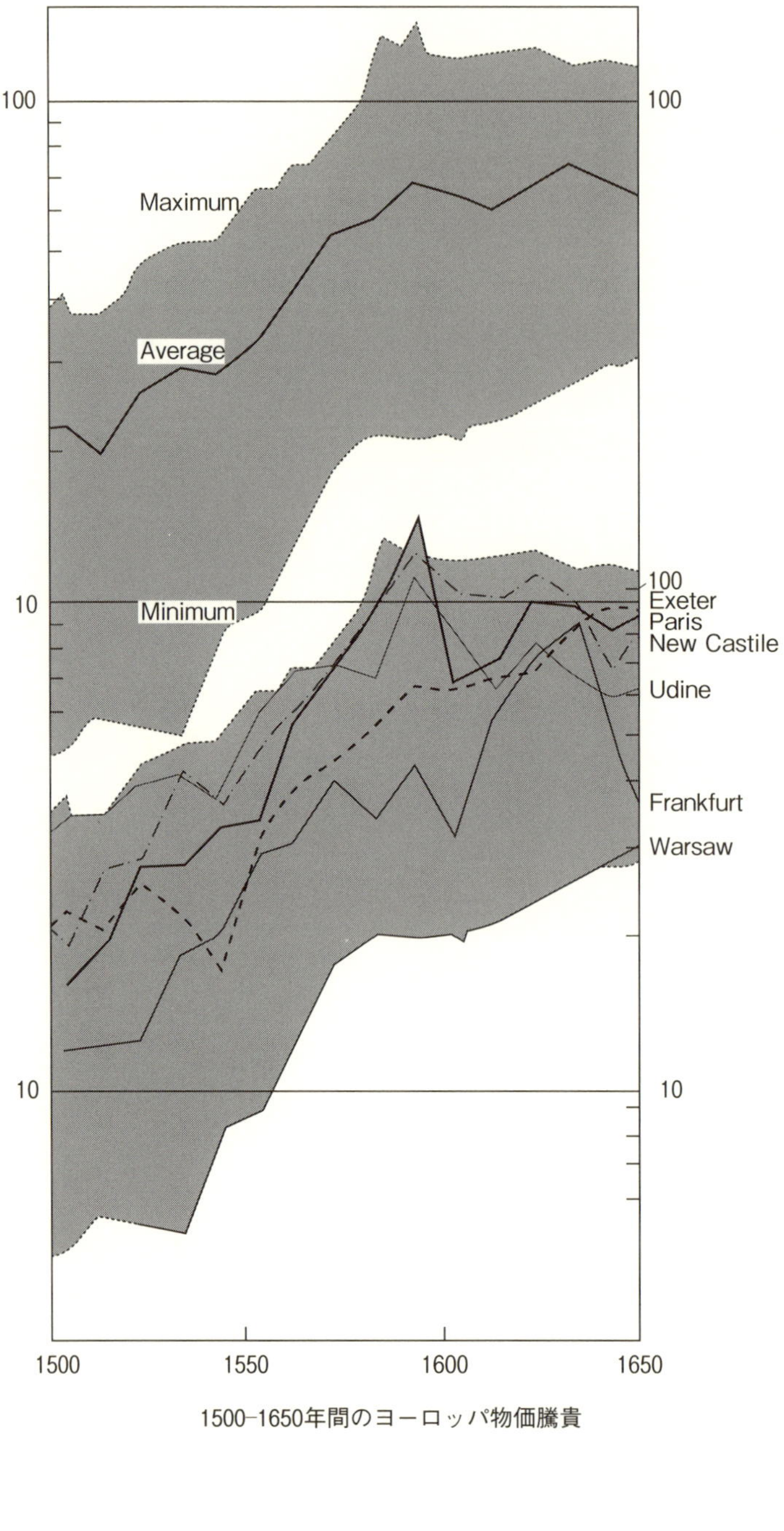

1500–1650年間のヨーロッパ物価騰貴

表36　15世紀末〜17世紀初頭フランスの物価騰貴（価格単位：Tournai livre）

年代	1471－2	1473–86	1487–1514	1515–54	1555–75	1590－8
価格値上がり額	100	111.5	106.6	161.6	265.2	627.5
貨幣悪鋳率	100	91.0	78.8	65.5	51.4	47.7
貨幣悪鋳・その他の原因による値上がり相当額	100	109.8	126.9	152.7	194.6	209.6

価格革命

最後に一六世紀からはじまるヨーロッパの価格革命の状況を見よう。これについては、カルロ・チッポーラ Garlo Chipolla の研究があるが、彼は一五〇〇年から一六五〇年までのエクセター、パリ、ニュー・カスティリア、ウディーネ、フランクフルト、ワルシャワの物価を取り、価格の最上値を連ねた線と最下値段を連ねた線で価格帯をつくり、価格帯がどう変化するか、またその価格帯のなかで各都市がどう動くかを観察したものである。添付の図がそれであり、そのなかでもっとも活発に動いている線はパリのそれである。パリは、一五〇〇年の基準点一三から出発し、一五五〇年には一七にたっし、それから急速に上昇して一六〇〇年、諸都市中のトップ、一一三に躍り出る。これに劣らぬのがスペインのニュー・カスティリアで、パリと平行して、トップを競い、一六一〇年から一六五〇年まではトップを独占している。エクセター、フランクフルトは中庸をゆき、ワルシャワは最下位の線をたどっている。しかし、帯全体は緊密に結ばれていて、全体として着実に上昇し、一世紀半ばに物価が二倍に上昇しているありさまを如実に示しているのである。[29]

いま一つの例をあげよう。フランス（一四七一—一五九八年）の物価に関するアイノーディ L. Ainaudi の研究である。[30]

この表36によれば、一四七一年からフランスの物価は貨幣悪鋳率相当以上に値上がりしており、とくに一五五五年からの値上がりが激しい。普通ならば二〇九リーブルであるべきところを、その三倍に跳ね上がっているのである。

いま、二、三のプライス・レヴォルションの例をあげたが、この物価騰貴がヨーロッパ各国、否、全体に政治的・社会的激動を生むことは自明で、いたるところで騒乱が起きる。しかし、その問題は本稿の範囲を越えており、稿を改めねばならないであろう。本稿はここでとめにする。

（1）A. von Humboldt, Essai Politique sur le Royaume de la Nouvelle Espagne, Paris 1811.
（2）A. Soetbeer, Edelmetall-produktion, S.107.
（3）J. U. Nef, Silber Prodution in Central Europe, 1450–1618, Journal of Political Economy, 49/4, 1941, p.576.
（4）Worms, S.173.
（5）Laube, S.22, 268.
（6）Nef, p.581. ゼトベーアも、一六世紀初頭のマンスフェルトについては、ほとんど触れていない。Soetbeer, S.20.
（7）Nef, p.580.
（8）Nef, p.579；Laube, S.269.
（9）Nef, p.582.
（10）Ibid., p.584. ネフは、オーストリア圏内の数値を一七万五〇〇〇～二〇万マルクと推定しており、ここでは最低値をとった。
（11）W. Lexis, Beiträge zur Statistik der Edelmetalle nebst einigen Bemerkungen über die Werthrelation, Jahrbuch für Nationalökonomie und Statistik, 31（1879）, S.361–417.
（12）C. H. Haring, American Gold and Silber Production in the First Half of the Sixteenth Century, Quarterly Journal of Economics, 29（1915）, pp.433–479.
（13）スペインの通貨制度は次の如くである。貨幣としては、maravedis, castellano, ducat, real, peso de minas, peso fuente がある。maravedis は計算貨幣。castellano は一四九七年以前の基準金貨で、金一スペイン・マルク（スペイン・マルクは二三〇・〇六七五 gr.）の一五分の一、したがって金四・五五三四 gr.、一 castellano＝四八〇～四九〇 maravedis であったといわれる。一四九七年からイタリア、ハンガリーの ducat が、castellano に取って代わる。一 ducat＝三七五 maravedis、金三・四八五 gr. を含有していた。real はスペインの通常銀貨、銀一マルク＝六七 real、一 real＝三四 maravedis と評価された。peso de minas は、主としてアメリカで用いられた仮定上の金貨で、金四・一八 gr. を含有＝四五〇 maravedis。peso fuente は一五三七年アメリカで鋳造された銀貨で、一 peso fuente は八 real、二七二 maravedis とひとしく、ピアストル piastra と呼ばれたのは、この貨幣のことである。Haring, p.435 & Appendix（pp.475–79）を参照。
（14）Haring, p.446.
（15）Soetbeer, S.69f., 75, 78. を参照。

（16）Haring, p.456.
（17）Ibid., p.457, 458. なおポトシに対する「五分の一税」の詳細な記録が、Haring, Trade and Navigation between Spain and the Indies, Cambridge 1918, pp.333-5（Appendix）に見られる。一五七八年以降の数字を見ると、ポトシ銀山のすさまじさが実感される。
（18）Lexis, S.397. なおレクシスは、一五七一―一六〇〇年間のポトシの銀生産額について、ゼトベーアの二億九五四〇万ペソの評価に対し、二億二七〇〇万ペソと低い評価を出している。Ibid. u. Soetbeer, S.75.
（19）Haring, p.456, 458.
（20）E. J. Hamilton, Import of American Gold and Silver into Spain, 1503-1660, Quarterly Journal of Economics, 43（1929）, p.464.
（21）Soetbeer, S.17 : Paterna, Bd.2, S.628.
（22）Soetbeer, S.107.
（23）Haring, p.458f.
（24）Soetbeer, S.92.
（25）Soetbeer, S.93.
（26）F. C. Spooner, The Economic History of Europe 1559-1609, The New Cambridge Modern History, Vol.3, p.18.
（27）拙稿「中世ニュルンベルクの国際商業の展開」（本書収録、二〇六頁）参照。
（28）Spooner, p.21.
（29）Ibid., p.22.
（30）Ibid., p.22.

概括

中世末期・近世初頭のドイツ鉱山業は、その急速な勃興によって、それまで孤立分散的であった地方経済を国際的にシステム化する契機となった。発端となるヴェネツィアと南ドイツ商人との頻繁な接触は一三世紀初頭より始まるが、その後、ドイツ商人のなかで指導的位置を占めたのは、金属製品で著名なニュルンベルク商人であった。しかし、一五世紀半ばになると、アウクスブルク商人がヴェネツィアに進出し、綿花を購入して、麻・綿交織のバルヘント織物を生産し、ヴェネツィアに輸出するにいたって、同地における両都市商人の地位は拮抗するようになる。さらにアウクスブルク商人が鉱山業に、間接的、あるいは直接的に関与し、ティロル銀と銅をヴェネツィアで売り出すにいたって、その優位性を確立したといえよう。

次にハンガリー銅山が開発され、それはアウクスブルク、とくにフッガー家を飛躍させることになる。一五世紀末以来、アウクスブルク豪商たちの協定によって、協定額以上の銅をヴェネツィアに輸出することが禁じられたので、ヤコプ・フッガーは、膨大なハンガリー銅の輸出先をヴェネツィア以外に求めなければならなかった。そこで販路先をアントヴェルペンに求めることになるが、そこへの輸送が大問題となる。フッガーは、すでに述べたように、シュレージエン、ポーランドの水路を利用して、ハンザ領域に入り、船舶で輸送した。あるいは、ドナウ河を遡行して、レーゲンスブルクからニュルンベルク、フランクフルトへ、さらにアントヴェルペンへと陸上輸送をおこなった。こうしてヴェネツィア―アウクスブルク―アントヴェルペンの中軸が形成されることになるが、アントヴェルペンから、さらに銅はリスボンへと送られたのであった。またアントヴェルペンの銅なくしては、オランダにおける造船も、アーヘン、リエージュ、ディナンでの真鍮生産、大砲鋳造も困難をきたしたであろう。

銀、銅と関連して産出したザクセン錫は、ブリキ鉄板、食器類生産の主材料となるが、それぞれの生産地に送られ、また銀精錬に必要な鉛はゴスラール、そして、ポーランド、イングランドからドイツの銀産地へと送られた。アマルガム法の発見後は、水銀が銀精錬の混入剤となるが、その主産地であるスペインのアルマデン鉱山の開発はフッガー家に負うものであり、それはやがて新大陸銀の生産にとって不可欠のものとなるのである。

さらに興味深いのは、鉱山経営の結果、地域経済がそれに即応して、組織化されている事実である。一五六五年設立されたイェンバッハ会社の、「日用品販売」の項目をみると、地元からは勿論であるが、はるか遠方とおもわれるパッサウ、リンツから、高い運送費を支払って、穀物や脂肪物資を仕入れているのである。

このようにドイツ鉱山業の発展、そして、その代表的人物となったヤコプ・フッガーは、第一次ともいうべき世界経済システムを形成したのであるが、そのシステムは、端緒に着いたところで、それを圧倒する事象によって挫折せざるを得なかった。否、呑み込まれたといってもいいであろう。その事象とは、大航海時代の波に乗った新しい広域商業活動の出現であり、いま一つは、新大陸からする金・銀の奔流的流入である。後者によってヨーロッパ全体の物価が高騰し、スペインのように国家財政が度々危機に瀕するところも出てきた。国家間の経済競争も激しくなり、本稿の後半はそうした過程を追ったものである。

全体として、本稿は一五世紀半ばから一六世紀半ばにかけてのヨーロッパ経済の激動を、ドイツ鉱山業と新大陸銀の流れを中心として考察したつもりであるが、果たしてどれだけ実態に迫ることができたか。読者諸賢の暖かいご批判を乞う次第である。

参考文献

〔史料集〕

Ermisch, H., Das Sächsische Bergrecht des Mittelalters, Leipzig 1887.

Agricola, Georg, De re mettalica（Zzwölf Büchervom Berg- und Hüttenwesen, Übersetzung, 15 Aufl.（1978）アグリコラ（三枝博音訳著、山崎俊雄編）『デ・レ・メタリカ——全訳とその研究　近世技術の集大成』（岩崎学術出版社、一九六八年）。

Strieder, J., Aus Antwerpener Notariatsarchiven, Wiesbaden 1962.

〔文献〕

Bergbau im Erzgebirge. Technische Denkmale Geschichte, hrsg. von O. Wagenbreth u. E. Wächtler, Leipzig 1990.

Czaya, E., Der Silberbergbau, Leipzig 1990.

Dietrich, R., Untersuchungen zum Frühkapitalismus im mitteldeutschen Erzbergbau und Metallhandel, Jahrbuch für die Geschichte Mittel- und Ostdeutschland, 8（1959）.

Ehrenberg, E., Das Zeitalter der Fugger, 2 Bde., 2. Aufl., Jena 1920.

Der Freiberger Bergbau. Technische Denkmale und Geschichte, hrsgeg. von O. Wagenbreth u. E. Wächtler, Leipzig 1986.

Fröhlich, K., Die älteren Quellen zur Geschichte des Bergbaus am Rammmelsberge bei Goslar, Deutsches Archiv f. MA., 10（1953–54）.

Gothein, E., Beiträge zur Geschichte des Bergbaus im Schwarzwald, ZGORh. NF.2（1887）.

Häbler, K., Die Geschichte der Fugger' schen Handlung in Spanien, Weimar 1987.

Hamilton, E. J., Import of American Gold and Silver into Spain, 1503–1660, Quarterly Journal of Economics, 43（1929）.

Haring, C. H., American Gold and Silver Production in the First Half of the Sixteenth Century, Quarterly Journal of Economics, 29（1915）.

do., Trade and Navigation between Spain and the Indies, Cambridge 1918.

Heyd, W., Geschichte des Levanthandels im Mittelalter, Bd.2, 1879.

Hillebrand, W., Der Goslarer Metallhandel im Mittelalter, Hans. Geschichtsblätter, 87（1969）.

Hoppe, O., Der Silverbergbau zu Schneeberg bis zum Jahre 1500, Heidelberg 1908.

Houtte, J. A. van, Quantitative Quellen zur Geschichte des AntwerpenerHandels im 15. und 17. Jahrhundert（Beiträge zur Wirtschafts- und Stacdtgeschichte, Festschrift für H. Ammann, 1965）.
Hue, O., Die Bergarbeiter, Bd.1, Stuttgart 1910.
Janssen, M., Die Anfänge der Fugger（bis 1494）, Leipzig 1907.
Ders., Jacob Fugger der Reich, Studien und Quellen, Leipzig 1910.
Joris, A., Probleme der mitterlalterlichen Metallindustrie im Maasgebiet（do., Ville-Affaires-Mentalité, Bruxelles 1993）.
Koenigsberger, H. G., The Habsburgs and Europe 1516–1660, 1970.
Köhler, J., Die Keime des Kapitalismus IM sächsischen Silverbergbau, Berlin 1955.
Laube, A. Studien über den erzgebirgischen Silverbergbau von 1470 bis 1546, Berlin 1976.
Lexis, W., Beiträge zur Statistik der Edelmetelle nebst einigen Bemerkungen über die Werthrelation, Jahrbuch für Nationalökonomie und Statistik, 34（1879）.
Löscher, H., Die Anfänge der erzgebirgischen Knappschaft, ZRG. KA., 40（1954）.
Mittenzwei, I., Der Der Joachimsthaler Aufstand 1525. seine Ursachen und Folgen, Berlin 1968.
Möllenberg, W., Die Eroberung des Weltmarkts durch das mansfeldische Kupfer, Königsberg 1910.
Nef, J. U., Silver Production in Central Europe, 1450–1618, Journal of Political Economy, 49/4, 1941.
do., Mining and Metallurgy in Medieval Civilization, Cambridge Econm. History of Europe, Vol.2（1952）.
Pterna, E., Da stunden die Bergleute auff, 2. Bde., Berlin 1960.
Pölnitz, G. F. von, Jakob Fugger, 2 Bde., Tübingen 1949–51.
Ders., Fugger und Hanse—Ein hundetjähriges Ringen um Ostsee ond Nordsee, Tübingen 1953.
Scheuermann, L., Die Fugger als Montaninsutrielle im Tirol und Kärten, München 1929.
Schmoller, G., Die geschichtliche Entwicklung der Unternehmung.IX. Die deutsche Bergwerkverfassung： X. Die deutsche Bergwerkverfassung von 1400–1600, Schmollers'Jahrbuch, 15（1891）.
Schwarz, K., Untersuchungen zur Geschichte der deutschen Bergleute im späteren Mittelalter, Berlin 1958.
Soetbeer, A., Edelmetall-produktion und Wertverhältniss zwischen Gold und Silver seit der Entdeckung Amerikas bis zur Gegenwart, Gotha 1879.
Sombart, W., Der moderne Kapitalismus, 2 Bde.4 Hefte（2. Aufl.）, 1924.
Stolze, O., Die Anfänge des Bergbaus und Bergrechtes in Tirol, ZRG. GA.48（1928）.

St. Worms, Schwazer Bergbau im fünfzehnten Jahrhundert, Wien 1904.

Strieder, J., Studien zur Geschichte kapitalistischer Organizationsformen. Kartell, Monopole und Aktiengesellschaften im Mitellalter und zu Beginn der Neuzeit, München 1914.

Ders., Jacob Fugger the Rich, New York 1931.

Ders., Das reich Augsburg, München 1938.

Stromer, W. von, Oberdeutsche Hochfinanz 1350–1450, Wiesbaden 1970.

Unger, M., Die Freiberger Stadtgemeinde im 13. Jahrhundert（Vom Mittelalter zur Neuzeit, Festschrift f. H. Sproemberg, Berlin 1956）.

Ders., Stadtgemeinde und Bergwesen Freibergs im Mittelalter, Weimar 1963.

Wee, H. van der, The Growth of the Antwerp Market and the European Economy, Vol.1, The Hague 1963.

Werner, Th. G., Das fremde Kapital im Annaberger Bergbau und Mettalhandel des 16. Jahrhunderts, Neues Archiv für Sächsische Geschichte, Bd.57（1936）.

Wolfstrigl-Wolfskron, M. R. von, Die Tiroler Erzbergbau 1301–1665, Innsbruck 1903.

Zycha, A., Zur neuesten Literatur über die Wirtschafts-und Rechtsgeschichte des deutschen Bergbaues, VSWG.5（1907）；6（1908）；33/1–3（1940）；34/1（1941）.

Ders., Montani et Silvani. Zur älteren Bergwerkverfassung von Goslar, Deutsches Archiv für Geschichte des Mittelalters 3（1939）.

ウォーラーステイン『近代世界システム』（川北稔訳、岩波書店、一九八一年）。

小川知幸「一五・一六世紀における中央ヨーロッパの鉱山業―ゲオルク・アグリコラ『デ・レ・メタリカ』（一五五六年）にみる―」（『ヨーロッパ文化史研究』6、二〇〇五年）。

大塚久雄『近代欧州経済史序説』（一九四四年）。

近藤仁之「水銀アマルガム法、水銀供給源、及び〈価格革命〉」（『社会経済史学』第二五巻二、三号、一九五九年）。

北村次一「オーストリア水銀業における初期独占」（『社会経済史学』第二五巻五号、一九五九年）。

瀬原義生「フッガー研究序説」（『西洋史学』30、一九五六年）。

谷澤毅「近世初頭中部ドイツにおける精銅取引と商業都市」（『長崎県立大学論集』35―4、二〇〇二年）。

藤井博文「ドイツ中世前期における鉱工業と地域」（『立命館文学』558、一九九九年）。

ブローデル『地中海』第二巻（浜名優美訳、藤原書店、一九九二年）。

ペンローズ『大航海時代』（荒尾克巳訳、筑摩書房、一九八五年）。

前間良爾「一五・六世紀ドイツにおける鉱山労働者の蜂起とその再編成―エルツ山脈地方を中心に―」（九州大学『西洋史学論集』第五輯）。

諸田實『ドイツ初期資本主義研究』（有斐閣、一九六七年）。

同『フッガー家の時代』（有斐閣、一九九八年）。

同『フッガー家の遺産』（有斐閣、一九八九年）。

中世におけるハンガリー金の勝利行

ギュンター・プロープスト
瀬原義生訳

イスラム・オリエントの贅沢さとの接触が、西欧人の奢侈への欲求をはじめて目覚めさせた訳ではないが、しかし、それを強く刺激し、急速に全般的に広げさせたことは間違いない。十字軍、とりわけ第三十字軍（一一八九―九二）がそれに寄与したが、それというのも、当時、戦士には通常、商人たちが踵を接して後を追っていたからである。ローマ系地中海の住民が沿岸居住者、東方、西方のサラセン人、ギリシア帝国の人々と営む商業は増大していった。それは、当時知られていた世界全体を包括するものになった。とくに西欧と東方との仲介者として最前線に立っていた主要なイタリア諸都市は、すぐさま東方の商習慣に慣れ、大掛かりな物資購入にあたっては、レヴァント全体に通用する支払い手段として金を用いるようになった。すなわち、ますますキリスト教世界に進出してきたアラブ人は、ビザンツのソリドゥス金貨をモデルにして、自分たちのディナール金貨を作り、それは、異教徒との商業において、「千夜一夜の物語り」におけるように、大きな役割を演じたのである。

西欧の鋳貨金属は――ビザンツ金貨、および短命に終わったシュタウフェン朝フリードリヒ二世の鋳造したシチリアの金貨は別として――銀であった。中世全体を通じてそうであった。というのも、銀のデナール貨、ペーニヒ貨、その「半額貨」というのが、なお強く物物交換経済にとらわれていた人々のささやかな需要に十分応えることができたからである。ただ大量購入者だけは、オリエントとの交易――そこから渇望された香料だけでなく、なによりも、ありとあらゆる贅沢品が得られた――に当たって、銀に対してほぼ一対一〇の価値をもつ金を必要とした。それは、銀の場合、〔支払いにさいし〕大量に必要としたが故に、事細かな、時間を食う操作（計量と勘定）を必要としただけでなく、銀は東方の人々を興奮させもしなかったし、満足させもしなかったからである。それ故、一三世紀の半ばごろ、数世紀の中断期ののち、中部イタリアでは、再び固有の金貨が鋳造されることになった。フィレンツェでは、都市の紋章、図案化された百合の花にしたがって名付けられた florenus（flos＝花）が生まれ、ドイツでは、それは、ゴルドグルデン Goldgulden、二つの語は同意語であったので、短くグルデンと呼ばれた。ほぼ一世紀後、それは、スペイン、ネーデルラント、ドイツの多数の造幣権者によって模倣されたが、それらはすべて、表に百合の花を刻印し、この広く知られ、尊重された貨幣図柄によって、それぞれの鋳貨の流通性を高めようとされていた。しかし、ヴェネツィアは自分たちの造幣所、いわゆるツェッカで造幣し、それは、表面（おもて）のぐるりの刻銘の最後の語にちなんで、ゼッキーネ Zeccine、あるいはドゥカーテン Dukaten と呼ばれた。ついでにいえば、「ドゥカーテン」という貨幣名称はずっと保たれ、現在においてもなお使われているのである。フィレンツェ、ヴェネツィア、およびジェノヴァでは、その金はエジプト、近東を経て、アフリカからもたらされたものであった。しかし、この金をめぐって競争対立が起こらないはずはなかった。金貨を鋳造した領主、地域のうち、自分の金山をもっていたのはごく少数であったので、彼らの多くは数年経たずして造幣をやめ、自分の金貨支払いに地元産ではない貨幣を使うことになったのであった。

ドイツでは、まもなく、南ドイツの勃興してきた商業都市が世界商業の集約的役割を演ずることになるが、オリエント商業の仲介者としてのイタリアとの商業（ビザンツ越えの東方への陸路は、海路によるよりは、危険でもあり、また費用がかかった）の興隆が、その台頭につれて、鋳造された金貨に対して強力な需要を生み出した。しかし、ドイツの鉱山は、今日と同様、当時も十分な金量を生産しなかった。そのとき守護天使として、一四世紀の第一四半期に、ハンガリーが登場し、その豊かな金鉱がまさしく時宜を得て開発されることになった。実際、この地方は、ちょうどこの頃、鉱山を巻き添えにしていたモンゴル襲来（一二四一／四二）の恐怖と荒掠から解放されはじめていた。しかし、それとは別に、アルパード朝の断絶（一三〇一）後の王冠をめぐる混乱が、この地域を困難な窮迫に陥れ、前王朝のもとで招致されたドイツ人植民者たちによって高度な繁栄にもたらされていた経済を、新たな後退へと陥落させていた。

新しい王家の選出にさいして、ハンガリーは、きわめて幸運な手が働いていたことを立証した。ナポリ王家のシャルル・ロベールが選出されて、ひどい試練を経てきたこの地域は、異常なほど視野の広い、大きな行動力のある国王を得ることになった。その南イタリアの郷里から、彼は、それに加えて、進歩的な経済政策観と都市に対する友好的態度と理解とをもたらした。高ハンガリーに鉱山都市クレームニッツ Kremnitz（Kremnica）を建設した（一三二八年一一月一七日）のは、シャルル・ロベールであり、同都市は、その後、いわゆる低ハンガリー鉱山都市群の中心として、全西欧に知られることになった。クレームニッツは、同時に地域の主要造幣所となり、長い間を通して唯一のそれであった。ここでもまた、輸送コストを節約し、道路での危険を避けるため、造幣所を貴金属産出鉱山のできるだけ近くに設置するという中世を通じての原則が適用されていた訳である。クレームニッツ内外の鉱山は豊富な金を産出した。近隣のシェームニッツ Schemnitz（Banska Stiavnica）の方は、豊富な金を含有する銀を提供した。

金は、ハンガリーでは、もちろん、一四世紀の始まるまでには、発見されていたが、しかし、国王シュテファン四世の短い期間（一一六三／六四）を除いては、造幣目的に利用されることはなかった。

シャルル・ロベールのもとで、貨幣史に入ってきたクレームニッツと並んで、この時代のハンガリー、およびジーベンビュルゲン〔トランシルヴァニア〕では、なおまるまる一〇カ所の他の造幣所が造幣をおこなっていた。金は、とりわけクレームニッツ鉱山で産出していたが、南ハンガリーのナジバーニャ Nagybánya、ジーベンビュルゲンのアブルドバーニャ Abrudbánya、ヴェレスパタック Verepatak でも産出し、古い蝋版画の示すところによると、最後者では、他の所と同様に、すでにローマ時代に活発な鉱山活動がおこなわれていたという。さらに、「aranyos（金の）」というあだ名のついた地名、流水名はすべて、成功裡に流水による金の選鉱がおこなわれていたことを示すものであろう。これらすべてが合わさると、莫大な量となり、それによって、生産地をはるかに越えて、中世末期の経済生活における重要な要素となり得たのである。

ハンガリーの金が主として西欧に流出していったのには、理由がある。というのも、西欧だけが、ハンガリーの貴族たちの必要とするもので、地元では生産できないものを供給することができたからである。実際、たとえば隣接するオーストリア――すでにずっと以前から繁栄した都市をもち、その結果、経済的に裕福な市民階級をもっていた――とは違って、ハンガリーは、アンジュー朝の都市友好政策にもかかわらず、その点で西欧の下位に位置していた。もちろん、オーフェンとかプレスブルク（この都市は、オーストリアとの国境都市としてとくに発展をみた）といった都市では、ハンガリーの市民階級が生まれていたし、諸々の鉱山都市でも、立派な市民階級が育っていた。それらは、とりわけ、ドイツ人の植民者たちが活発な営業努力のなかで繁栄した市民共同体を作り出したところであり、高ハンガリーやジーベンビュルゲンでは、鉱山業が地域全体への植民化、都市の成立に寄与したのであった。だが、定住の密度が非常に要求される地域が残されていた。地域はまさに封建的農業国家であり、そこでは、封建制は西方の近隣とは全くちがった特徴をもっていた。それに応じて、都市の、主としてドイツ人手工業者の製品は、その質においては他の地域のそれに劣るものではなかったが、地域の需要を満たすには、量的に十分なものではなかった。輸出品に向けられたものは別としてであるが。かくして、輸入に対して支払うために、多くの金が地域外に流れ出て行ったのである。

輸入に対して支払われた鋳貨が、ハンガリーの金グルデンであり、それは、一三二六年はじめて、「aurea moneta regis Ungariae（ハンガリー国王の金貨）」と称せられている。それは、数世紀を通じて規則正しく、同じ品位、三五四・八七グラムという平均重量で鋳られたが、フィレンツェの金グルデンの正味重量三五二グラムに対応したものであった。その貨幣図柄も、長い期間を通じて、ほとんど変化をこうむることはなかった。それが全般的に流通し、定着するようになると、もはや最初に用いられたフィレンツェ風の百合の花は必要でなくなり、ハンガリーの国民的聖者ラディスラウスの像が刻印されることになった。ラディスラウスは、最初のハンガリー国王として、その生存中（一〇七七―九五）この名前を帯びていたが、フィレンツェの守護聖人、聖ジョヴァンニ像がアルノー河畔都市のグルデンの一面に全身像で載せられているのにならって、載せられたものであり、他の面には、国王の出自によって変化する家紋が刻印された。ハプスブルクの支配下では、金貨はドゥカーテンと称され、聖者に代わって、ときどきの国王の全身像が描かれたが、他方の面には、「ハンガリーの守護者」として、イエスを抱いたマドンナ像が刻まれたのであった。金グルデンも、のちのドゥカーテンも、中世を通じて、商業用貨幣であった。下層民はただの一枚の「金貨」も手に入れることができなかったが、銀貨を手にし、それに慣れ親しんだ。だから、ハンガリーの金グルデンは、本国よりも外国で出会うことが多いという事態が起こった。それは、イタリアでは〈ongaro〉として知られ、評価され、今日でもなお、デンマーク、スウェーデンの専門書は、デンマーク王クリスティアン四世、スウェーデン王エリック一四世、ヨハン二世の鋳造した金貨のことを〈ungarsk gylden〉〈ungersk gyllen〉と表示しているのである。というのも、それらが価値的にハンガリーのグルデンに見合っていたからである。ネーデルラントでも、イタリアと同様、この型が模倣された。〈ongaro〉が流通に当たって、喜んで受け取られることが確実であったからである。実際、かの時代にあっては、ある外国の通貨の評判がよいときには、良心のない支配者によって、自分の鋳た低価値の製品のカムフラージュに使われることがしばしばであったのである。

　オーストリアへ向けての南ドイツ人の商業活動の目的は、そこから貴金属、とりわけ金を獲得する以外のなにものでもなかった。需要は巨大であった。それから金貨を鋳造するためと、当時大変に隆盛をみていた金細工業に材料を供給するためとである。市民階級の台頭、とくに帝国都市アウクスブルクやニュルンベルクにおけるそれ、さらにそれと関連した門閥市民、つまり都市貴族の形成は、上層市民のあいだにますます高まっていった流行、贅沢への要望のなかにその姿を誇示した。毛皮の縁取りをした寛(ひろ)やかな長上着のうえに着けられた重たい金の鎖、男女の手にはめられた金の腕輪、縁なし帽子や普通の帽子につけられたさまざまな装飾品、厚手に金メッキされた華やかな食器類、そのほか富と権力を誇示するのに用いられるもの、それらは大半、ハンガリーの金で作られた。この時代に流行した金メッキのためだけでも、巨大な量を必要とした。お伽噺(とぎばなし)のような豪奢(ごうしゃ)のひけらかしを見ようとおもったら、「富裕者」ヤコプ・フッガーの歴史をひもとけば十分であろう。この「神聖ローマ帝国ドイツ国民」

の、最近叙任されたばかりの伯爵が、一五一五年ウィーンでおこなわれた二重の結婚式にさいして、マクシミリアン一世に扈従(こじゅう)してドナウ河畔の都市に入ってきたときの豪奢ぶりは見物であった。* アウクスブルクの彼の宝物——長持ちに集められた金貨幣に鋳造されたもの、されなかったもの、を問わず——は、大部分ハンガリーから生じたものであり、その貴金属、銅生産物を彼はほとんど三〇年間にわたって独占的に自分のものにしたのであった。

＊ 皇帝マクシミリアン一世は、ハンガリーをハプスブルクの支配下におくために、ハンガリー王ラヨシュを自分の孫娘マリアと、そして、ラヨシュの姉アンナと孫息子フェルディナントを結婚させる方策をたて、一五一五年七月二二日、二つの結婚式がウィーンで挙行された。一五一一年五月に伯爵に叙任されたヤコプ・フッガーは、それに列席したのである。なおフェルディナントはまだスペインにいたので、皇帝がその代理を務めた。G. F. von Pölnitz, Jakob Fugger, Bd.1 (1949), S.331.

ハンガリーの金グルデンは、この時代、すなわち一六世紀の初頭に、最後の大きな繁栄を経験した。なぜなら、一五二六年、モハッチの戦い*が、アンジューのシャルル・ロベール以来ヨーロッパ最大の金産国へと発展したこの国に破局をもたらしたからである。シャルルの鋳たグルデンは、自身金を産出したにもかかわらず、ヴァーツラフの王冠の国、ボヘミアやモラヴィアさえをも征服した。シャルル・ロベールによるハンガリーにおける貴金属独占の樹立は、その王の優越的地位獲得の最重要な一歩であった。国王は古いボヘミアの鉱山都市クッテンベルクから移住者を招いたが、それは、新たに発見された金鉱山を採掘させるためではなく、むしろプラハ〔で鋳造されたもの〕をモデルとして、ハンガリーでも、この世紀初頭に現れた、中世最初の偉大な銀貨であるグロッシェン銀貨を鋳させんがためであった。それによって、国内商業のための貨幣が作られたのであり、それはまた卸売取引においても有効であったばかりでなく、あまりにも多くの金貨が、輸入を賄うために回される代わりに、国内で使われてしまうことを妨げたのであった。

＊ モハッチ Mohacz の戦い……オスマン・トルコとハンガリーの戦い。この戦いで、アンジュー朝最後の国王ラヨシュは戦死し、ハンガリーはハプスブルクの支配に帰した。モハッチはブダペスト南方一五〇キロの地点。

かくしてハンガリーの金貨は、一四世紀の半ば、中央ヨーロッパの市場に入ってくることになるが、それは、貨幣の品位、すなわち、その価値が安定し、貨幣像がほとんど変わらなかったことにもよる。この二つの要素は、周知のように、受け取り手の不信を拭い去る重要な事柄であった。南ドイツの市場――そこでは小さな取引は問題にならなかった――では、ハンガリーの金貨は、フィレンツェのグルデン、ヴェネツィアのゼッキーネと競合した。かくして、それは中世後期全体を通じて、中部ヨーロッパの傑出した支払い手段となった。それゆえハンガリーは、もっとも裕福な貴金属生産国の一つとして、一二世紀末から一四世紀半ばにいたるヨーロッパ世界に起こった経済的変革に、著しい寄与をなしたのである。

一二世紀以来、アフリカ、ハンガリー、ボヘミア、シレジア、チューリンゲンの鉱山が世界、とくに西ヨーロッパの貴金属需要を満たしてきた。というのも、かつてあんなにも豊かであったガリアの鉱山の鉱脈が尽きてしまったからである。スペインで操業を続けていた少数の鉱山は、ムーア人支配者によって使い尽くされてしまった。ドイツでも、そこここで金が産出したが、しかし、全体的にみてごく僅かな量にすぎなかった。ドイツで、この時代、金について記述されることがあったとすれば、それは、確実にウィーンの仲介によってそこへ運ばれてきたものであり、もちろん、ハンガリーからのもので、ボヘミアやシレジアの生産はそれほど大きくはなかったからである。

全世界から商品が集まるヴェネツィアのほかに、フィレンツェが中世のもっとも重要な貴金属市場であった。それはハンガリーの金の一部を引き付けていた。イタリア商業にとってのハンガリー金の重要性は、とりわけ、次のような事実によっても明らかである。すなわち、一五世紀末から一六世紀初頭にかけて、アフリカの金を取り扱う商人までがまさしく〈ungari〉(ハンガリー人)と呼ばれたという事実である。中世末期、彼らによって商取引に持ち込まれた金の大部分は、それゆえ、ハンガリー起源のものであったのである。ハンガリーの金生産は、すでに一三世紀には、確たる同時代の証拠はないが、年一〇〇〇キログラムと評価されるが、それは、一五世紀末の世界生産の半分に当たるものであった。ジーベンビュルゲンの鉱山事業の傑出した意義は、ベルトランドン・ド・ラ・ブロキエール*の旅行記からも明らかであるが、それによると、一四三二年、ハンガリーの国王は同鉱業から一万金グルデンの収入を引き出していたという。ハンガリー鉱夫（その少なからざる部分はドイツからの移住民か、ドイツ人を祖先とする者であった）の技術は大変優れており、それは、同世紀の中頃、イングランド、フランス、ロシアの支配者がハンガリーの鉱夫を呼び寄せているところからも明らかである。

＊ Bertrandon de la Broquière（?–1459）中世フランスの旅行家。ブルゴーニュ公の命により、一四三二年ヴェネツィアからヤッファに渡り、帰路は陸路を取り、アナトリア→コンスタンティノプル→ソフィア→ベルグラード→ブダ→ウィーン→バーゼルを経て、ディジョンに帰着した。コーランを持ち帰り、『海外旅行記』の著作によって、歴史地理学、人類学に大きな貢献をした。

イタリア商人は、一三世紀末以来、易々と金をアフリカから手に入れていた。第四十字軍（一二〇四）によるビザンツ帝国の崩壊（一時的なものであったが）、そして、アラブ・カリフ制の倒壊後、半世紀ほどして、ヴェネツィアを先頭とするイタリア諸都市はオリエント商業をすっかり自分のものにした。アフリカの金は、はじめはビザンツとアラブの造幣所と商人によって使用されていたが、いまやエジプトや北アフリカの諸都市から、遮られることなくイタリアへ流れ込みはじめた。レヴァント貿易の結果、この広範な金の流れは、——さしあたってはオリエント一帯に、次には小さな枝流に分かれて——ヨーロッパに広がり、最後には全地上をおおうにいたった。一三世紀に入ると、その初頭以来、ヴェネツィア、フィレンツェは、次第に増加していくハンガリー金生産の大部分をイタリアの金市場に引き付けることにも成功した。フィレンツェの大手の銀行群は、当時、プラハやオーフェンに支店を設けるにいたっているのである。

この豊かな金の流れが、ハンガリーの王冠に対するアンジュー家の野望をそそのかしたことは確かである。次いで一三世紀末、そして、一四世紀初頭、ヨーロッパは深刻な金危機に襲われた。その原因を貴金属に対する過大な需要に求めるのは、ともかく、誤りであろう。一二九五年と一三〇五年のあいだに、それまで安定していた金銀の比価が急激に変化し、それ以後、金の価値は急速に高まっていく。ヴェネツィアでは、それは一対一五、否、一対一八にもなった。その中間を取っても、金の価値はいまや四ポイント高まった訳であるが、それには、ハンガリー金が大きく影響していた。

一四世紀の最初の一〇年間に、世界市場を唯一規定してきたイタリアと金供給国とのあいだの商業が、根本的に変わった。聖地におけるキリスト教徒の最後の根拠地アッコンが陥落（一二九一）したのち、全西欧では、イスラム教徒に対する憎しみが計り知れないほど高まった。教皇の指導のもとに、新しい十字軍が準備された。同時に人々は、妬みの眼でもって、ヴェネツィア、その他イタリア諸都市とイスラム・オリエントとの関係を見るようになった。なぜなら、彼らは、キリスト教徒の宿敵に対して、戦争に必要な木材、鉄、銅などを供給していたからである。教皇の勅令は、いまや戦争必需品の引き渡しを禁止するにいたった。一三〇八年クレメンス五世、そして、一三一二年ヴィエンヌの公会議*は、イスラム教徒全体との商業を厳重に禁止し、アフリア、とくにエジプト、シリアへ向けての物資の輸送を、なんであれ禁じたのである。この禁令を効果あるものにするため、まずジェノヴァのガレー船が検査のため留置されたが、ジェノヴァ人がこの命令に素直に従わなかったので、ヨハネ騎士団とキプロス王アンリの艦隊は、地中海を航行中のジェノヴァ商船を密輸品搭載の罪で留置した。この封鎖令はヴェネツィアにとっては大きな痛手であった。というのも、ヴェネツィアは、恒常的にエジプトのスルタンと友好関係にあり、彼と商業保護のための条約さえ結んでいたからである。ヴェネツィアは世論に屈しなければならなかったが、しかし、その巧みな外交と教皇庁との交渉に当たっての「黄金の」〔賄賂（わいろ）という〕支えのお陰で、船をオリエントへ送り出す許可を得た。にもかかわらず、オリエント貿易は非常に衰弱した。ヴェネツィアは、二三年間もその船をエジプトから避けさせたと、一三四三年、エジプトのスルタン、イスマエルがヴェネツィアを非難したほどである。

＊　フランス王フィリップ四世（端麗王）の要請により開かれた公会議。十字軍を提唱するとともに、無所有・清貧を説く霊的

フランシスカン派を異端と判定し、テンプル騎士団を異端として解散を命じた。

オリエント商業のこの弱体化は、もちろん、金や金属の市場に影響を及ぼさずにはおかなかった。商業禁止令は未加工の金の主要な源泉を封鎖した。なぜなら、アフリカの金の大部分はエジプトを経てヨーロッパに来ていたからである。事態のおどろくべき連鎖のために、ハンガリーの金も、当時、難局を突破することができなかった。そのために、ヴェネツィアが熱心に努力したにもかかわらず、である。というのも、アルパード朝の断絶後に起こった内乱は、国土の周辺部に位置する鉱山群を、さしあたって、数人の豪族の手中に置くことになった。一三二一年になって、実行力のある初代のアンジュー朝のもとで、この麻痺状態はゆっくりと解消しはじめた。シャルル・ロベールは鉱業に特別な理解を示し、鉱山都市に特許状を賦与し、一連の新しい鉱山都市を建設した。以前は、古くからの慣習法にしたがって、貴金属、その他の金属を内蔵する土地は国王の所有に譲られ、これは往々にして採掘物の隠匿化へと導いた。しかし、シャルル・ロベールは、ボヘミアの模範にしたがって、こうした土地を土地所有者の所有にとどめよ、それに対して、坑口からの収入の三分の一、いわゆる〈Urnana〉を国王に納付するようにと命じた。この解放行為は、もちろん、シャルル・ロベールの治世の開始とともに、鉱山の非常な勃興へと導いたにしても、さしあたっては、世界市場の状況を、なにひとつ変えはしなかった。なぜなら、国王は厳重な金・銀輸出禁止令を下していたからであり、それは、古い貨幣、あるいは外国の貨幣による、また鋳造されていない金属による商業をも禁止するものであった。この禁止令は厳重に実施されたので、ハンガリーで十分の一税の徴収にあたっていた教皇の十分の一税徴収官に、しばしば金を得させることになったほどであった。かくしてハンガリーの貴金属輸出は、鉱山の勃興に対して、逆行する状態を呈したのである。このことが、世界市場に著しい仕方で影響を与えたことはいうまでもない。金価値はたえず着実に上昇したのである。

一二九五年から一三四四年にかけてのヨーロッパ金危機の原因は、それゆえ、需要の高揚でも、生産の低下によるものでもなく、アフリカ、ハンガリーからの金輸出の阻止によるものであり、この阻止は、主として、政治的・軍事的動機に、わけても、一三二五年のハンガリーの金輸出禁止に負うものである。貨幣に鋳造されていない金は、ハンガリーでは、自由な取引から引っ込められ、外国人の商人は自分たちの持ち込んだ銀貨、あるいはハンガリーで売った商品に対する収益を、政府国庫の役所においてハンガリーの金貨に、それも一三三五／三六年国王によって定められた〔金の〕高い比価で両替することを強制され、それは、国王の財宝に高い利益（いわゆる lucrum camerae〔役所の儲け〕）をもたらした。貨物積み下ろし強制権 Stapelrecht によって、〔ハンガリーへの外国商人の直行を遮る〕オーストリアの外国商人排除政策を避けて*、いまや商品を携えた外国商人はウィーンを避け、ボヘミアやモラヴィアを経由してハンガリーへ入ってきたが、そのため金貨に対する需要が大きく高まり、これに応える広範な仕事の準備をしていなかったクレームニッツの造幣所は、最初のころ、この需要に全く応えることができなかった。そのため、一対二〇・九という、文字通り異常な比価状況が起こった。一三四〇年ころ、レートは一対一四（一五）に低下し、それによって経済的均衡はようやく半ば回復された。一三四四年、危機は頂点にたっし、同時に終止し、古いレート一対一一、さらには一対一〇のレートが回復した。これらはすべて、ハンガリー金の蓄積の増大によって呼び起こされたことであったが、まさにこの時点に、アルプスの北側では、高まる需要に応じて、金鋳造が急速に広がったのである。

＊　一三一二年オーストリア大公によって発令されたもの。

ともあれ、ハンガリーから外国へどれほどの金が持ち出されたかを示したものとして、キュキュッロ Küküllő（コッケルベルク Kockelberg）の首席司祭補で、年代記作者ヨハンの信頼すべき報告がある。それによると、一三四三年、シャルル・ロベールの未亡人は、彼女の末の息子アンドレアのナポリ王冠を確保するために、かの地に旅立ったのであるが、純銀二万七〇〇〇マルク、純金二万一〇〇〇マルク、そのほか半シェッフェルの金グルデンを携えていたという。それは、一重量マルク＝二八〇グラムとして、銀七五六〇キログラム、金五八八〇キログラムと換算される。半シェッフェルの金グルデン貨が何枚かは、もちろん、勘定できない。これらの金額の高は、一つには、君侯の宮廷の華美と、著しい数の人員、乗馬、挽馬の旅費、滞在費から説明されるが、他方では、アヴィニョン、ナポリの腐敗した宮廷への巨額な賄賂を示唆している。かくして一三四三年末から一三四四年初頭にかけて、ハンガリーの巨額の金を携えた一行がイタリアを訪れた訳であるが、その金の量は、ほとんどこの国の六年間の生産量、全世界の二年間の金生産量に匹敵するものであった。貨幣に換算すれば、一四四万九〇〇〇グルデンに達するものであった！　この出来事が起こったのは、まさに、エジプト商業が人為的に制限され、ハンガリーの国王によって発せられた輸出禁止令によって、イタリアでここ十年来、必要最低限の金しか得られないという時点に当たっていた。〔そういう訳で、この旅行による〕思いがけない金の流入は、金価値の急速な下落をもたらした。一三四五／四七年、近代のロンドン、そして、ウォール街の取引所に匹敵するフィレンツェの市場では、金銀の比価は一対一一、そして、一対一〇に落ち、このベースでこの世紀の後半安定し続けたのである。

しかし、新しい十字軍の考えが潰（つい）えると、オリエント貿易の禁止、商業封鎖は、法的根拠を失ってしまった。かくして、寸断されていた糸が再び結び合わされることになった。二〇年間にわたって蓄められ、自由商業の脇に取って置かれた金の蓄積分は、その自由投与によって、ヨーロッパ市場に真の革命を、そして、その結果として、金価値の急激な低下をもたらした。しかし、それ以後は、当時の世界全体を通じて、金・銀のあいだに正常な価値関係が再び回復された。それは中世末まで、アメリカの発見とそれによって引き起こされた価格革命とが経済史の新しい局面を開くまで、続くのである。それには、さらに、盗掘や不合理な採掘方法によって当然起こってくる地下資源の枯渇が付け加えられるであろう。

上述の革命に責任を負うハンガリー金グルデンは、しかし、ヴェネツィアのゼッキーネ（そのうち、何千、何万枚がハンガリー金から鋳造されたことであろう）と並んで、中世の末期まで、世界商業の主要支払い手段であり続けた。信頼しうる報告によれば、クレームニッツ、ナジバーニャ Nagybánya とヘルマンシュタット Hermannstadt（両者とも在ジーベンビュルゲン）の三国庫には、一五世紀末までに、年間、四八七七マルクの金が流入している。このことは、ハンガリーがヨーロッパ経済に毎年四二万から四五万の金グルデンを供給していたことを示すものにほかならないのである。

解説

この論文は、G. Probszt, Der Siegeszug des ungarischen Goldes im Mittelalter, Der Anschnitt, Jg. 9/1957, S.5–11. の全訳である。

訳者はいま、中世ニュルンベルクの国際商業活動を調べているのであるが、その過程のなかで、中世ハンガリーが莫大な金生産国――当時の世界の総生産額の三分の一にたっした――であること、その金をめぐってヴェネツィア、フィレンツェ、ニュルンベルクのあいだに熾烈な争奪戦が演じられたことを知った。訳者は、中世末期のハンガリーが豊かな鉱山国であることは知っていたが、これほどの金産国であるとは思いもよらなかった。このおどろくべき事実を紹介すべく、適当な文献を探したのであるが、そこで見出したのがこの文献である。簡潔ではあるが、事態の全容を的確に伝えており、学界の注意を喚起するには最適ではないかと考えた。なお、プロープスト氏はグラーツ大学教授で、ほかに次の著作がある。

Probszt, Die niederungarischen Bergstädte. —Ihre Entwicklung und wirtschaftliche Bedeutung bis zum Hergang an das Haus Habsburg, München 1966.

Ders., Deutsche Kapital in den niederungarischen Bergstädten im Zeitalter des Frühkapitalismus, Zeitschrift für Ostforschung, Jg. 10/1961, S.1ff.

Ders., Känigin Maria und die niederungarischen Bergstädte, Zeitschrift für Ostforschung, Jg. 15/1966, Heft 4, S.621–703.

Ders., Arabisches und ungarisches Silber für Regensburg, Ostdeutsche Wissenschaft, Jahrbuch des ostdeutschen Kulturrates Bd., München 1964, S.209–263.

文中の＊は、すべて訳注である。

（未発表）

中世ニュルンベルクの国際商業の展開

前編　中世ニュルンベルク市の成立

第一節　都市の発端*

ニュルンベルクの起源は、一〇四〇年ごろ、ザリアー朝の皇帝ハインリヒ三世が、ここに館を設け、宮廷会議を開いたのに始まる。[1] その位置は現在の高台にあるブルクのところであるが、まだ城は築かれておらず、さしあたって文書発給の地として「ニュルンベルクにて発給す Actum Norenberc」「王領地ニュルンベルクにて in Nuorenberg suo fundo」などと記されている。[2] 城〈castrum〉と記されるようになるのは一一〇五年のことである。[3] 岩山――nuorin は巌を意味する――にある城には、同処に詰める家士（ミニステリアール）たちを給養する設備や食糧を貯蔵する空間がなく、その設備は、城から南東三〇〇メートルのところに設けられた。これを〈Bauhof〉というが、その位置は今日の聖エギーディエン修道院のところである。

城の南側、ペーグニッツ河に降りていく平坦地 Flecken には、近隣の王領地、王有林の管理に当たる家士（ミニステリアール）たち、さらには彼らの需要に応じた手工業者たちが住み、次第に拡充していった。城のすぐ真下に楯師小路、鍛冶屋小路、雑貨商小路の路地名が残っている。Flecken の南端に、使徒ペテロ、パウロに奉献された礼拝堂が建てられたが、一〇七〇年ごろ巡礼者が在地の隠修士ゼーバルトの墓を同所で発見し、礼拝堂はゼーバルトに捧げられることになった。現在の聖ゼーバルト教会が建てられるのは一二三〇年ごろのことであり、一二五五年同教会は教区教会と記されている。[4]

皇帝ハインリヒ三世は、さらに一〇六二年以前に、ニュルンベルクに市場を開設した。造幣権、関税徴収を含めてである。その権利は、ニュルンベルク北西に接したバムベルク司教領フュルト Fürth に同皇帝が与えていたものを、同皇帝が一時ニュルンベルクに貸与・転用して開かれたものであり、一〇六二年ハインリヒ四世のとき返還を余儀なくされたが、[5] ニュルンベルクの市場はそのまま存置された。ゼーバルト教会の北側、今日の Albrecht-Dürer-Platz のところで、当時ミルク市場と称された。それへの出入口は、城の左下に設けられた Tiergartentor で、これがニュルンベルク最古の門である。門があるということは、囲いの存在を意味するが、それは Tiergartentor—Albrecht・Dürer・Str. —Weinmarkt—Sebald 教会—Bindergasse—Tetzelgasse—Paniersplatz を結ぶ線であったようであるが、石造りの囲壁であったかどうかは、定かではない。とにかく、一二世紀の市域は正方形をなしていたのである。[6]

はじめニュルンベルクは、広大な王領の管理所として重視され、一〇六五年ごろの「王領地目録 Indiculus curiarum, Tafelgüterverzaichinis」に、「王への給養 regalia servitia」を司るところとある。[7] 同「目録」は、ニュルンベルクの王領地であることを再確認する意味もあった。しかし、帝国領回復政策、また対ボヘミア制圧政策の拠点としての重要性が増すにつれて、これに対応した国王の取り扱いが見られる。すなわち、ハインリヒ四世は国王直轄領として自由人出身のフォークトを置き、一一一二年には、「皇帝権指定地域 locus imperiali potestate assinatus」と記されている。[8] シュタウフェン朝はこの地をハインリヒ五世から受け継ぎ、コンラート三世は一一三八年ここに守備責任者・都市支配権者として〈castellanus, Burggraf〉を置いた。[9] このころにはニュルンベルクの市内外には有力なミニステリアールが多く定住するようになっており、[10] それらとの釣り合い上、フォークトは廃され、Burggraf が任命されたのであろう。次の皇帝フリードリヒ・バルバロッサ帝は一一六三年と一一六六年にここで宮廷会議を開き、一一八三年にはここは〈palatium〉と称されている。一一五六年ビザンツ皇帝マヌエルの使者が迎えられたのも、この宮廷においてである。[11]

ブルクグラーフ職には、はじめ下オーストリアの領主である Raab 家が就任していたが、その断絶後、南西ドイツの領主ツォーレルン Zollern 家に与えられた。しかし、同家はニュルンベルクに関する上級裁判権をもたず、当面は実質的支配権をもたなかった。[12] 実質的支配権をにぎったのは、皇帝の自由になるミニステリアール出身の〈buticularius, Butigler〉（膳部長）——史料初見一二二〇年——で、彼は皇帝に代わってニュルンベルク周辺の王領地での裁判を主宰し、同領地の貢租の徴収、修道院の保護・維持に当たり、造幣をおこなうなど、事実上の行政官であった。彼らの働きによって、ニュルンベルクはバイエルン大公国の支配に併呑されるのを免れたのである。[13] 市内の行政・治安維持に当たったのは〈scultetus, Schultheiss〉——史料初見一一七三年——で、彼は上級裁判権を行使した。これによってニュルンベルクが他の裁判権の及ばない独立した行政区をなしていたことが判る。[14]

市民の台頭過程をみると、一一一二年関税徴収所が設けられ、[15] 一一四〇年以来造幣所が作動している。[16] 一一四六年にはユダヤ人居住区（現在の市場広場のところ）がみられる。[17] 一一六三年皇帝フリードリヒ一世がバムベルク商人、アムベルク Amberg 商人に与えた文書によれば、「ニュルンベルクの者たちが帝国全体において得ており、商業を営んでいる安全と自由」を賦与する、とあり、[18] ニュルンベルク商人の台頭ぶりがうかがわれる。

ところでニュルンベルクには、ペーグニッツ河の南側にもう一つの集落があった。すなわち、一二世紀中頃シュタウフェン朝の植民活動の一環として、現在の聖ヤコプ教会のところに王領地管理所が設けられ、その東方に紡錘型の集落が出現していたのである。ヤコプ教会と後の聖ローレンツ教会を紡錘の両端として、Breite Gasse（一二九五）、Karolinenstrasse（一二八六）、Adlerstrasse が弧を描き、平行して生まれた。興味ふかいことに、カロリーネン通りがかって「フィッシュバッハといわれる川の近くの apud ripam, que vulgariter Visspach dicitur」といわれたように、南からペーグニッツ河に北流してきた細流 Fischbach が聖ローレンツのところで二つに分けられ、左へねじ曲げられ、カロリーネン、ブライテ通りに沿って流された。この小川には水車が設けられたが、[19] 一二三四年に〈molendinum apud Vischbach〉と出てくるのが、そのもっとも古い記録である。[20] この水車は製粉、屠殺業、革なめし業、染色業、とりわけ金属加工業に用いられ、最後者はのちのニュルンベルク産業の特色をなすものとな

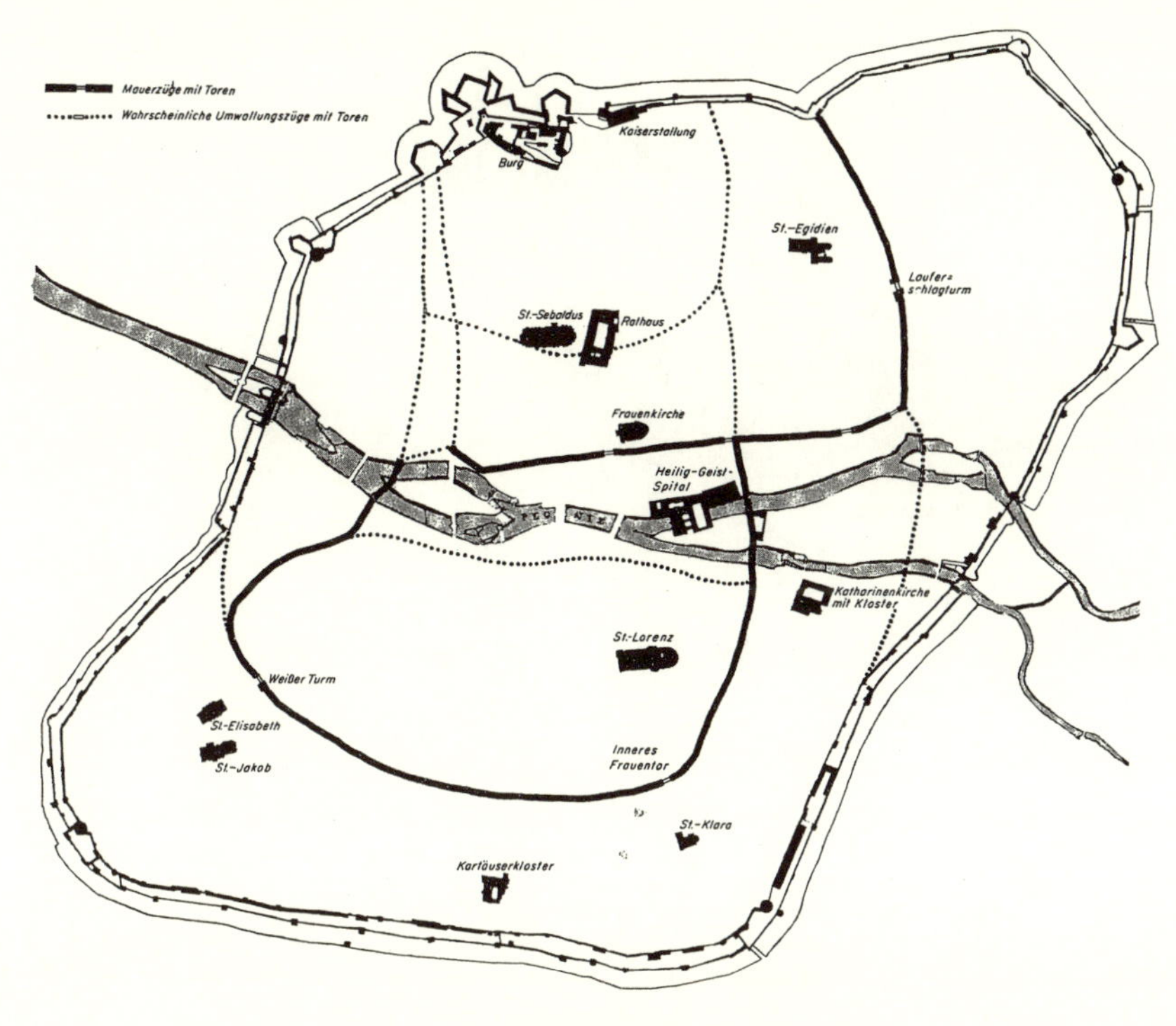

ニュルンベルクの地誌的発展図（Pfeiffer, S.56.）

る。農民の集住と手工業者の流入によって人口が急速に増加したらしく、その保護のため一二五〇年頃、この地区は紡錘型の囲壁と壕で囲われることになり、その東端に一二七〇年頃からローレンツ教会が建てられた。この地区が Fürth 教区から離れて、独立した教区を形成したのもこの頃とおもわれる(21)。

北のゼーバルト区でも市域の拡張がおこっていた。今日〈Füll〉（埋め立て地）という街路名が示すように、ゼーバルト教会の北側を西へ走るこの街路とその延長である Lammsgasse はもと湿地であったが、盛り土され、道路化したものである。ペーグニッツ本流北岸の、今日の〈Fleischbrücke〉の西に掛けて水車――その数は一三二五年、一一基あった――が設置されたのは、おそらく南地区の水車と同時期だろう。それらはもっぱら金属加工に使われた。その上流には、製粉、縮絨・染色、革なめしに使用

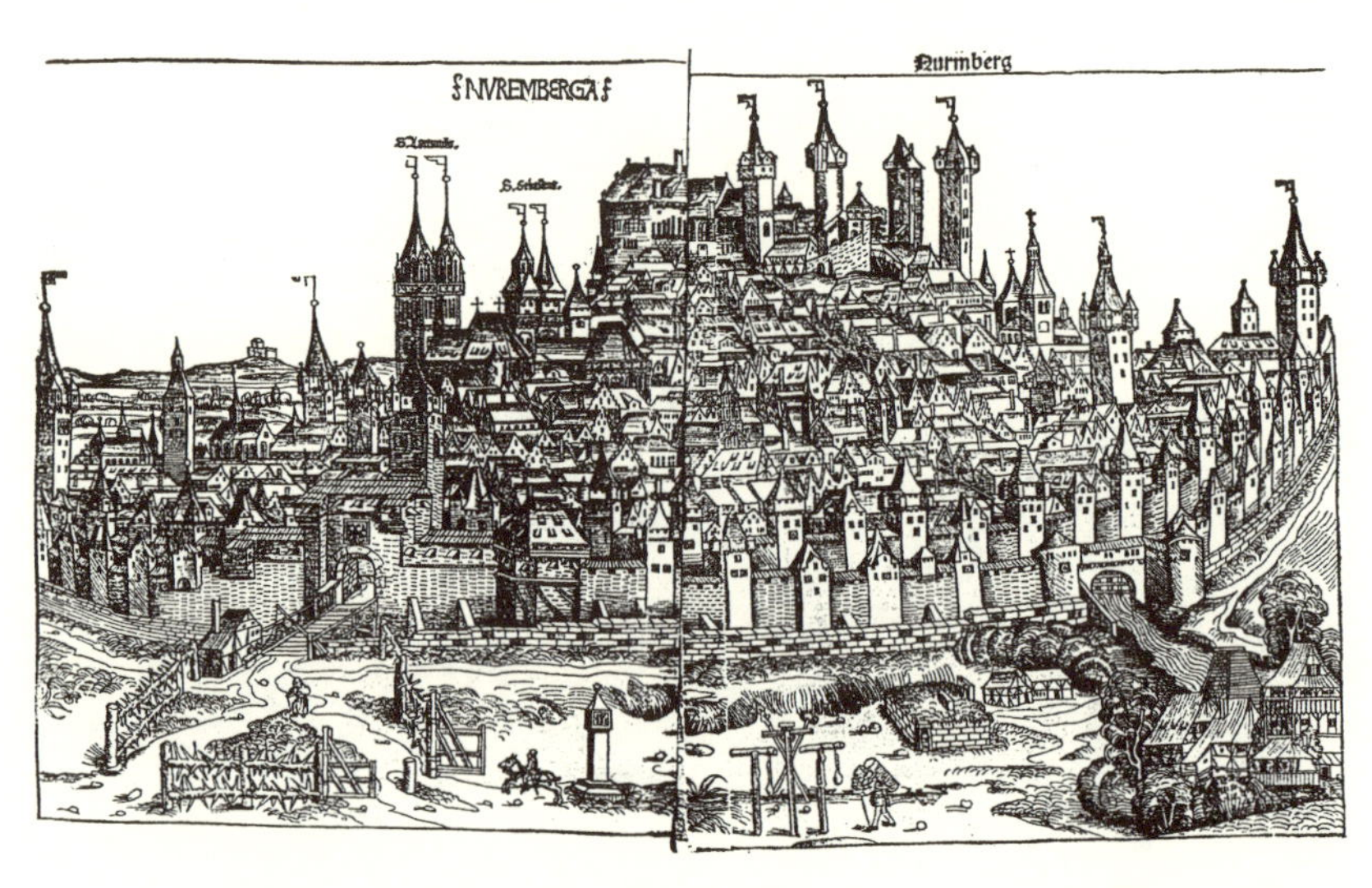

15世紀末のニュルンベルク(市壁が二重になっていることに注目)

された水車一八基があったという。この数に示されている手工業者の増加は、河岸の湿地帯の盛り土による住宅地化をもたらし、それにつれて囲壁も広げられた。はじめは旧市域がそのまま南方に向かって広げられ、次いで東西へ拡張された。拡張された囲壁は、ブルクを出発して、東北角のFröschtor(今日のMaxtor)から直線的に南下し、Laufertor(Innere Laufergasse東端)を経て、ペーグニッツ本流に達する直前、西へ曲がり、Neuegasseを西進し、Frauenkircheの南側を通過し、Albrecht-Dürer-Str.をまっすぐ北上して、Tiergärtnertorに達するものであった。その建設時期は、ローレンツ区の囲壁建設とほぼ同じ一二五〇年頃であるが、それは、市民共同体の成立時期ともほぼ一致しているのである[22]。

ついでに、その後のニュルンベルクの市域の拡大に触れておきたい。ゼーバルト、ローレンツ両地区を一つの囲壁に包括しようという事業は、一三二〇―三〇年代に入って、市参事会によって着手された。まず両地区を繋ぐため、東のNeue Gasseの途中(Malergasse)から壁が南に伸ばされ、二つの橋でSchütt島を挟んでペーグニッツ河を渡り、ローレンツ区の東北角に接続した。河の北岸東端には大きな施療院Heiliggeistspital(一三三二)が、橋には〈Weibereisen〉

〈Männereisen〉という二つの塔――史料初見一三二三年――が設けられて、防衛に当てられた。西の方では、ペーグニッツ下流の小島に、今日 Henkersteg と呼ばれる橋を渡して南北を繋いだ。南北両方地区を繋ぐ中心道路はすでに一二三六年に建設されており、「公道 strata publica」と称されているが、現在の Karlsstr. か、Burgstr. の延長されたものかどうか――後者の公算が大きい――は不明である。こうした上で、一三四九年ユダヤ人を追放して、中心市場が現在の場所に開設されたのである(23)。

最後の大拡張は、一三四〇年代に始まる。まず一三四六年南西角の Spitaler Tor が成り、一三七七年最東端の Ausser Laufertor の建設に着手されている。一三八〇年には西北の出入り口として Neue Tor、一三八八年東南角に Frauentor が完成し、こうして四隅を確定したうえで、その間に石造の壁が構築された。全工事が完了するのは一四五二年のことである。驚くべきことに、この壁は二重になっていて、都市は二重の壁によって取り巻かれた訳である。内側の壁には八三の塔、外側の壁には四〇の塔を備え、壁の厚さはその上で武装した市民二人が優にすれ違えるほどであったという。市壁の外側にはさらに壕が掘られ、その幅は三〇メートルあったが、それらはみな全市民の労働奉仕によって掘られたのであった。すなわち、一四三〇年の『壕築造書 Grabenbuch』によれば、一二歳以上の男子は年一日の労働奉仕を義務付けられ、不可能な者は代納金を納めねばならなかった(24)。こうしてニュルンベルクの威風堂々たる市壁は出来上がったのである。

＊　筆者はかつてニュルンベルク市の発端を素描したことがあるが、地誌的記述が簡単に過ぎ、かつ不正確であったので、その部分については本節をもって代えることにする。瀬原『ドイツ中世都市の歴史的展開』（未来社、一九九八年）七〇頁。

（1）Pfeiffer (hrsg.), Nürnberg-Geschichte einer europäischen Stadt, 1970, Bd.1, S.11. ボーズル K. Bosl は、オットー朝の時代にすでに砦が築かれていたが、その後荒廃し、ハインリヒ三世はその廃墟の上にあらたに館を造営したと推測している。Ibid., S.13.

（2）Nürnberger Urkundenbuch, Bd.1（5 Lieferung, 1951–59）（以下、UB. と略す）、no.9, 10, 13, 16, 17, 18, 19, 20（S.6–13）.

（3）UB., no.22（S.15）…castrum nostrum Nurenberc…ボーズルは、一〇四〇年に築かれた王の館はその後破棄され、一一〇五年に新たに建造されたのではないか、と推測している。Pfeiffer, S.13.

（4）Pfeiffer, Bd.1, S.55；Bd.2, S.32. オットー朝のハインリヒ二世は、一〇一五年、アイヒシュテット司教を脅して、ペーグニッツ河以北を一〇〇七年新設されたバムベルク司教座の教区として、同座に譲渡させた。Giesebrecht, Geschichte der deutschen Kaiserzeit, Bd.2, S.52f.

（5）UB., no.14（S.8f.）

（6）Pfeiffer, Bd.1, S.55f.

（7）UB., no.15（S.10）. なお、この「目録」には、Nurenberc castrum の表現が出てくるが、ボーズルは、史料の発行期日が不確かであるという理由で、採用していない。Pfeiffer, S.13.

（8）UB., no.26（S.18）

（9）UB., no.34（S.25）

（10）UB., no.70（S.47f.）一一六三年のこの文書によると、バムベルク司教は、これまで自分の人身支配下にあり、貢納義務を負った五人の女とその一人の女（黒人）の息子三人を隷属身分から解放し、帝国ミニステリアールにすることに同意している。また一一七三／七四年のある史料によれば、ニュルンベルクのあるミニステリアールが、バムベルク司教座に一人の召使い女を寄進し、その代償として隷属身分から解放されている。UB., no.79（S.57f.）このようにミニステリアール化することによって、市内居住民を事実上の自由民としていったのである。また、ニュルンベルクの周辺に帝国ミニステリアールの城砦がひしめくにいたった状況については、Pfeiffer, S.18f. をみよ。

（11）UB., no.88（S.63）；Pfeiffer, S.16ff.；Hofmann, Nobiles Norinbergenses. Beobachtungen zur Struktur der reichsstädtischen Oberschicht（in：Untersuchungen zur gesellschaftlichen Städte in Europa, hrsg. von Th. Mayer, V.u.F.XI, Stuttgart, 1966）, S.58.

（12）Pfeiffer, S.20；Hofmann, S.58.

（13）Pfeiffer, S.20f.

（14）UB., no.79（S.57）；Pfeiffer, S.21.

（15）UB., no.26（S.18）これはヴォルムス商人に関税免除を認めた文書で、そこにニュルンベルクの地名が出てくる。

（16）Hofmann, S.58.

（17）UB., no.53（S.38）

（18）UB., no.72（S.50）…eandem secritate ac libertate qua et Nurembergenses per universum imperium nostrum pociantur et sua peragant commercia…

（19）Pfeiffer, S.20, 60f. なお聖ヤコプ教会は一二〇九年ドイツ騎士団支部館となった。Ibid., S.61.
（20）UB., no.260（S.155）この水車群は一三二五年一一基を数えたが、Schwabenmühle とも称されている。おそらく麻織物、のちにはバルヘント織物の製織技術、同縮絨・染色の技術をもったシュヴァーベン地方の住民が多数南地区に移住してきたことを物語るものであろう。
（21）Pfeiffer, S.61f.; ibid., Bd.2, S.32.
（22）Pfeiffer, S.59f.
（23）Ibid., S.58, 89.
（24）Ibid., S.90f.; G. Strauss, Nuremberg in the Sixteenth Century, Indiana U.P., 1976, p.12f. 市壁からペーグニッツ河を東に出た上流に、富裕市民のウルマン・シュトローマーがイタリアから学んで、一三九〇年に設置したドイツ最初の製紙用水車 Hardermühle があったが、一四一四年コンスタンツ公会議準備のためこの地を訪れていた皇帝ジギスムントは、その施設の同類のものを購入してハンガリーに持ち帰り、シュトローマーの息子に運転技師を世話してくれるように依頼している。Chroniken d. deut. Städte, Bd.1（Nürnberg 1）, S.77f.; Pfeiffer, S.92; W. Baum, Kaiser Sigismund, 1993, Graz, S.97.

第二節　ニュルンベルクの都市貴族支配

ニュルンベルクの人口は、都市成立後急速に増加し、一五世紀前半には二万〜二万五千人に達し、その外郭集落 Gostenhof, Wöhrd を含めると、さらに二千〜三千人を加えることになり、ケルンに次ぐ、ドイツ第二の大都市となった[1]。それにともなって自治組織も順調に形成された。一二一九年皇帝フリードリヒ二世によって発布された解放特許状によれば、いままで市民個々人から徴収されていた皇帝への租税が、市民共同体 communitas から徴収されるとあり、住民のまとまりが見て取れる。ニュルンベルクの行政を執行したのは皇帝の代理人であるシュルトハイス（執政）――一四世紀に入って、その職は有力市民に資金提供の担保として委託された――であったが、それを補佐した組織として、裁判参審員会のほかに、指名人と呼ばれる市民団体があり、これらが実質的に市政の担い手であった。一二五六年のライン同盟加盟にあたって、ようやく市参事会が現れるが、一三一八年の都市官職表によれば、市参事会員一二名、参審員一三名、指名人六四名の名前が列挙されている。[2] これらの人びとは主として市内外に土地を所有する帝国直属の家士出身者であり、[3] 都市貴族の地位を占めたが、彼らは時が経つにつれて、封建的特権意識を捨て、市民として市の経済活動にも指導的役割を果たした。この都市貴族の支配は、一三四八年ツンフト騒擾によって一時危機に陥るが、皇帝カール四世の介入によるツンフト市政の崩壊によって、救われ、以後、ツンフト結成は禁止され、門閥市民層による市政独占は一九世紀まで続いた。[4] では、彼らの優越した地位を支えた経済活動とはなんであったのだろうか。

（1）Ammann, S.16.
（2）拙著『歴史的展開』七二頁。
（3）これら初期の都市貴族層の土地所有者的性格について、高木真理子「十三世紀ニュルンベルク市における〈都市自治〉の確立」（『比較都市史研究』二巻一号、一九八三年六月）が、また市参事会の成立過程について、佐久間弘展「中世後期ニュルンベルクにおける参事会都市支配の確立」（『早稲田大学西洋史論叢』八、一九八六年）が、詳しく論じている。
（4）ニュルンベルクのツンフト騒擾については、簡潔ながら、拙著『歴史的展開』一三一頁以下を参照。さらに一四世紀後半以降の市参事会における門閥支配の確立については、佐久間弘展『ドイツ手工業・同職組合の研究――一四―一七世紀ニュルンベルクを中心として――』（創文社、一九九九年）一二三頁以下を参照。

後編　中世ニュルンベルクの金物業と国際商業

中世ニュルンベルクの市政は、門閥市民による寡頭制支配を特徴とするが、彼らは単なる土地所有からくる収入に依存する保守的社会層ではなく、鉄産業や国際商業を積極的に展開し、また権力者に融資し、その商業政策決定に参与する役割を演じた。以下はその実態を多少とも明らかにしようとするものである。

第一節　ニュルンベルクの手工業、とくに金物業

ニュルンベルクの小売業、手工業に関する史料が出てくるのは、一四世紀初頭から記述が始まる『規約書Satzungsbuch』においてである。たとえば一三〇二―一三一五年の『規約書』には、パン屋、織布業者、ワイン飲み屋、水車屋、魚屋、刃物屋、ビール飲み屋、瓦屋などに関する規定が出てくるが[1]、規約の大部分は、些少の禁止事項、違反に対する罰則を規定したもので、手工業者の人数とか、生産量などは判らない。ただし「いかなる手工業者も、市参事会の了承なしに、組合を作ってはならない[2]」の一項目があるのと、織布業者を南北地区に各三人に限定し、「灰色布を縮絨するに当たっては、二十年来の如くにals vor zwainzic iaren、その幅と厚さを維持すべし[3]」とあるのが注目される。つまり、手工業活動が一三世紀半ば過ぎに溯ること、早くから同業者組合結成の動きがあったことがうかがわれるのである。

※以下、本節の叙述は、本書冒頭で、すでに述べたところであるが、既発表論文でもあり、そのまま掲載することをお許し願いたい。

手工業者の数は、一三六三年の『親方帳 Meisterbuch』によってはじめて知られる。親方数は五〇業種、総計一一五〇人余を数える。その詳細を掲げれば、表1の如くである。(4)

表1　業種別親方数

業種	親方数	業種	親方数
1．仕立屋	76	26. 刃物業者	73
2．マント仕立屋	30	27. 鐘鍛冶匠	8
3．胸甲作り師	12	28. 錫容器鋳物師	14
4．鉄製篭手作り師	21	29. 袋物匠	22
5．鉄鎖頭巾作り師	[4]	30. 手袋匠	12
6．ピン・鉄線鍛冶師	22	31. 袋小物師	12
7．刀剣鍛冶師	33	32. パン屋	75
8．桶屋	34	33. 刀剣磨き師	7
9．車大工	20	34. 革なめし匠	57
10. 家具匠	10	35. ガラス吹き匠	11
11. ブリキ容器加工業者	15	36. 左官	6
12. 鉄兜鋳物師	6	37. 粗毛織物匠	28
13. 錠前師	24	38. 帽子屋	20
14. 手綱・拍車作り師	19	39. 毛織物けば立匠	10
15. 鉄製たが作り師	12	40. 鞍作り師	17
16. 釘作り師	6	41. 魚屋	20
17. 錠前取り付け師	17	42. 縄作り師	10
18. 武具鍛冶匠	9	43. 石工	9
19. 蹄鉄鍛冶匠	22	44. 建具師	16
20. 鍋鍛冶匠	5	45. 陶工	11
21. 鋳掛け屋	8	46. 鏡板・数珠作り師	23
22. 靴屋	81	47. 革漂白師	35
23. 靴修理師	37	48. 毛皮加工業者	60
24. 金細工師	16	49. 肉屋	71
25. 両替商	17	50. 染屋・毛織物匠	34

このリストによると、パン屋、肉屋、仕立屋、靴屋が各七〇～一〇〇人の親方をもち、つづいて金属加工業関係

の親方が三五〇人、毛皮加工から袋物、手袋製作にいたる皮革業者が二〇〇人、織物業者、建築業者が各七〇人となっている。[5] このうち他都市と比べて目を引くのは、金属加工業者の多いことであろう。[6] そこで、以下、金物業についてやや詳しく見ていく。

金物業といっても、多くの業種に分かれていた。業者三五〇人のうち、刃物鍛冶工七〇人でトップを占め、つづいて武具匠六〇人、鏡板職二三人、ブリキ容器加工業者一五人、錫容器鋳物師一四人と数え、以下およそ三〇業種に分かれている。縫針、針金、はさみ、錠前、スプーン、じょうご、コップ、コンパス、鎖、大鎌、農具類など多種多様である。針金師の場合、職人二人、徒弟六人を、蹄鉄師の場合には、職人一人、徒弟二人を抱えていたといわれるから、全体として金物業に直接たずさわる人口は、一〇〇〇人をはるかに上廻るものであったにちがいない。[7]

一四世紀に入ったところで、金物業者のなかには、問屋制的営業をする者さえ現れており、市参事会はこれを禁止しなければならなかった。すなわち、第三の『規約書』(ca. 1320/3-1360) 一八四条に「五マイル以内に居住するコップ鋳物師の何人に対しても〔仕事を〕下請けに出してはならない…swer kainen peckesmit in funf meilen verlegt…」とあり、違反の罰金は三〇ポンドときわめて高額であった。[8]

一三四八年起こったニュルンベルクのツンフト闘争の牽引役を担ったのも、じつにこの金物業者であった。とくにその中心となったのは、「ガイスバルト党 Geisbärte」と呼ばれた鍛冶屋グループであったが、その核となった人物は Rudel Geisbart といった。彼はツンフト臨時政府のときには、なんらの役職にも就いていないが、隠然たる実力者であったらしく、一三四九年一〇月復活した市参事会によって追放に処せられた不穏分子二三名の筆頭にあげられており、またのちにブルクグラーフはこの時期のことを「ガイスバルトの時代 Geisbartz gezeiten」と呼んでいるほどである。[9]

金物の筆頭は鉄製品であるが、鉄の産地はニュルンベルクの東六〇キロの、オーバーファルツ領のアムベルク Amberg、その北のズルツバッハ Sulzbach であった。その産出量は莫大であり、ある史家の計算によれば、中

表2　ヨーロッパ各地の鉄の年間産出量（単位：t＝トン）

ドイツ	東アルプス地方	… 10,000 t	
	オーバーファルツ	… 10,000 t	
	ナッサウ地方	… 3,000 t	
	リエージュ地方	… 2,000 t	
	その他の地域	… 5,000 t	計30,000 t
フランス			10,000 t
スウェーデン			5,000 t
イングランド			5,000 t
その他のヨーロッパ			10,000 t
			総計60,000 t

世・近世初頭のヨーロッパ各地の鉄の年間産出量は表2の如くである。[10]
つまり、オーバーファルツの鉄山は、ヨーロッパの鉄生産量の六分の一を占めていたのであり、最盛期には、それを遥かに凌いでいたようである。すなわち、ズルツバッハだけで、一四〇六年二万トンを産し、一五四三年には五万四〇〇〇～六万二〇〇〇トンに達したという。[11]

アムベルク鉄山の発見は、カール大帝の治世七八七年に溯るが、鉄山と史料に出てくるのは一二七〇年のことである。この年、はじめて鉄圧延用の水力ハンマーの記事が土地領主の土地台帳に記載されている。しかし、一〇一〇年〈Schmidmühle〉という集落名が出て来、それを姓とするアムベルク市民がいるところを見ると、鉱山の開発は早くから始まっていたとおもわれる。[12]鉱山を経営していたのは土地領主で、彼らは、荘園管理人のように、ミニステリアールを使って鉱山を管理し、農奴が採鉱に従事していた。のちにミニステリアールは独立して、坑口の所有者となり、また採鉱に従事していた農奴も自立して同所有者となった。このほか銀山の場合と同様、自由試掘権を行使して鉱山に入り込み、試掘に成功して、坑口所有者となった者もあった。旧一部の土地領主やミニステリアールのように、数カ所の坑口を所有する者は例外として、多くの坑口所有者はみずから採鉱・溶鉱に従事する小規模営業者であった。これら鉱山採掘者は採鉱夫組合 Gewerkschaft を結成し、他方では市民となり、アムベルクは一一六三年都市と称されている。[13]

はじめ一三四一年アムベルク、ズルツバッハ両市の協定で、市民は非市民と溶鉱事業で協力関係を結んではならない、非市民は圧延用ハンマーを設けてはならない、とあったが、しかし、時の経過のなかで実効性を失い、一四五五年のアムベルク市の規定で、鉱山採掘は同市民に限るとあるように[14]、採掘はなお地元民に限られていたにせよ、溶鉱・冶金にはその規定がなく、名目的な市民権を得た他都市の企業家たちの乗り入れに対しては大目に見られた節がある。銀であれば、生産物はすべて最終的には領邦君主の財務府に納付され、貨幣として鋳造されるが、鉄は棒鉄、薄板鉄板にされた段階で現地で販売されねばならない。そのためには、他都市の市民が入り込んでくるのは、むしろ歓迎すべきことであったのである。

アムベルクと交流をもった最初の都市はレーゲンスブルクであった。アムベルクを貫流し、レーゲンスブルクでドナウ河に流入するフィルス Vils 河が、早くから舟による鉄の運搬を可能にしていたからである。人的交流はすでに一二世紀に始まっていたとおもわれるが、史料的に確認できるのは一三世紀からである。たとえば一二世紀末ロシアとの交易から Ruzarre, Ruzzer と称されたレーゲンスブルク市民家柄出身の Conrad der Ruze が、一三一一年アムベルク市民となっており、同家は一三八七年五基の圧延用ハンマーを所有している。一二五〇年レーゲンスブルクの市参事会員であった Romer（Römer）家は、一三三〇年アウアー一揆 Aueraufstand に加担して、レーゲンスブルクを追われ、アムベルク市民となり、イタリアとの商業を営んでいる。レーゲンスブルクのシュルトハイス職家族として有名な Zant 家は、鉄商業で裕福になった。アムベルクとレーゲンスブルク両地に定着した Turndorfer 家は、オーバーファルツの Turndorf 出身で鉄商業に従事し、同家出身の Leo Turndorfer は一二七五年レーゲンスブルク司教となり、司教座ドームの建設者として知られている、などである[15]。

レーゲンスブルクに続いて、ニュルンベルク市民が登場してくる。Ebner, Stromer, Teufel, Sachs, Gross 家などがそれであるが[16]、ここではシュトローマー家について触れておこう。同家の先祖は一三世紀初頭、Schwabach の Kammerstein 城に居住する騎士 Gerhard von Reichenbach に発するといわれるが、その子供 Conrad がニュルンベルクに移住し、王有林の管理官を勤めていた Waldstromer 家の女と結婚し、略してシュトローマーの姓を名乗った。彼は三度の結婚で三三人の子供をもうけたが、その孫の一人に Heinrich Stromer がおり、その子供が

『わが家系と冒険の書 püchel von mein geslecht und abentewr』をしるした Ulman Stromer（一三二九—一四〇七）である。[17] 彼は多方面の商業やドイツではじめての製紙用水車を設置したことで有名であるが、おそらくその従兄弟にあたる Otto Stromer, Ulrich Stromer は、一四〇〇年鉄圧延用ハンマーの所有者であった。後者は一三八〇年ズルツバッハの市参事会員を勤めている。ウルマンの子孫である Hans Stromer は、一四六一年アムベルクの市長を勤めているが、地元の採鉱企業と紛争を起こし、一四六二年領邦君主であるファルツ選帝侯政府の所在地であるハイデルベルクに出掛け、弁明をしなければならなかった。彼の息子 Hans Stromer はアムベルクに留まり事業を続けているが、そのさい、ハンマー経営親方二名にそれぞれ七八万二二五九グルデンの金を貸している。その外にも数名のアムベルク市民に貸し付けをおこなっており、シュトローマー家はアムベルク採鉱企業家を問屋的に支配していたのではなかったか、とおもわれる。[18]

逆にアムベルク側からニュルンベルク市民になった者も少なくなく、たとえば一三世紀ニュルンベルク市民となった Neumarkt 家がその代表で、一二九五年 Konrad von Neumarkt はカタリーナ女子修道院を建設し、寄進している。[19] この家から、ニュルンベルク門閥市民の Muffel, Weigel, Mendel 家が枝分かれしたといわれる。ズルツバッハ近傍の Valz 村出身の Heldegen Valzner は、一三九六年以来ニュルンベルクの帝国造幣所の管理者となっているが、自分のことを圧延用ハンマーの所有者「製鉄主 Fabrikiherr」と呼んでいた。彼の祖父 Rüdiger Valzner も鉄の大商人で、一三五〇年マイン河で鉄を満載した彼の舟が借金の抵当に押収されるという事件が起こっている。[20] マイン河が鉄の運搬に利用されていた証拠で、興味深い。また当時まだ帝国領であったボヘミアのエーガー Eger 市からも、アムベルクに進出した者がおり、たとえば Schlick, Frankengrüner, Hekkel, Klopfer 家などがそうであるが、シュリック家は、のちにヨアヒムスタール銀山の開発に中心的にたずさわったシュリック伯の一族に属していた。やや後世になるが、一六五〇年 Rothau で圧延用ハンマー三基を経営していたフッチェンロイター Hutschenreuter 家は、錫引き鉄板（ブリキ）の製造も営んでいたが、一八一四年有名なフッチェンロイター陶磁器の生産を開始した。じつはこの家はアムベルク出身で、一六世紀初頭 Georg H. がアムベルク市長を勤めている。そのほかにも、オーバーファルツ出身の企業家でヨアヒムスタールで働いている家族がいくつか発見されているのである。[21]

アムベルクの鉄を原料として、それに加工して、武具、銃砲から農具、諸道具、刃物、鉄線、縫い針、飲食器具など日常用具にいたる製品、あるいは半製品を製造するに当たって、ニュルンベルクがレーゲンスブルクなどを圧倒して、次第に優越した地位を獲得したのには、一つには錫を比較的近傍で入手できたためといわれる。錫はニュルンベルク北東八〇キロの Erbendorf、その北にひろがるフィヒテル山地 Fichtelgebirge で産出したのである。一六世紀に入ると、錫の主産地はザクセンに移り、錫の獲得をめぐってニュルンベルクはライプツィヒ商人と激しい競争を展開しなければならなかった。[22]

金物の原料としては、鉄の次は銅である。これは国境を越えて、遠く離れたボヘミアのクッテンベルク Kuttenberg（Kutona Hora）から得られねばならなかった。そして、それはニュルンベルクの国際商業の展開によってはじめて可能になることなので、その展開の流れのなかで考察することにしよう。

ニュルンベルクの金物は他都市の商人を引き付け、彼らによって、またニュルンベルク自身の商人によって、史家アンマンが克明に跡付けているように、[23]全ヨーロッパへ、さらにはその彼方へと輸出されたのであった。たとえば、国内では、ハンザの盟主リューベック市の雑貨商規約（一三五三年）に、取扱い商品としてニュルンベルクの刃物があげられており、一三九二年フランクフルトの大市では、ニュルンベルク商人がケルン市に刃物六〇〇〇丁を引き渡している。こうした記録は、一五世紀に入ると頻繁となる。バーゼルの例をあげよう。バーゼルは、一四一八年一〇七グルデンで「白色ブリキ strutz」一樽をニュルンベルクで購入し、一四三三年（アルマニャック戦争時）に七五四グルデンで小銃を、射撃指導員付きで購入、ブルゴーニュ戦争の起こった一四七三、一四七五年には、鉤付き鉄砲、短銃、砲身の長い蛇砲 Schlangen を六六六ポンドで購入している。まるで兵器廠の観があるが、戦時でない一四三四年には、釘三万一〇〇〇本が購入されているのである。[24] 国外での状況については、それぞれ当該箇所で触れよう。

ニュルンベルクの第二の産業は織物業であった。第一『規約書』（一三〇二／一五）に「毛織物・粗毛織物Loder規約」が記載されており、その直後の第二『規約書』に、染色業、漂白業に関する規約が出てくるので、ニュルンベルクの織物業の確立は一三世紀末・一四世紀初頭とおもわれるが、一三六三年の『親方帳』によれば、織布親方は二八人、毳立工一〇人、染色業者三四人を数えた。生産量は、検査料金から計算して、一三七七年一万反、一四二一年二万反と推定される。近辺の集落Gostenhof, Wöhrd, Schwabachでの生産を加えると、大体二万四千反位とおもわれる。[25] フランドルの毛織物を範として、同地から輸入した羊毛を原料とすることにこだわっていたが、織り方、仕上げの技術がいま一つであったのか、海外の評価は高くなかった。一四一三年のエーガーでの評価によれば、ニュルンベルク産一反九グルデンであったのに対し、ケルン一五グルデン、サン・トロンSaint Trond二一グルデン、ルーヴァン二八グルデンであったという。[26] しかし、安価であるため、東ヨーロッパ全体でよく売れたのであった。

一三六三年には麻織物業が、一四八八年にはバルヘント織物業がオーバーシュヴァーベンから導入されたが、ニュルンベルクでは、大きくは成長しなかったのである。[27]

（1）Quellen zur Geschichte und Kultur der Stadt Nürnberg（以下Quellen Ng. と略す）, Bd.3（1965）, S.35, 37, 41, 45, 51, 52, 54, 55, 57, 65 ; H. Lentze, Nürnbergs Gewerbeverfassung im Mittelalter, S.216–219.

（2）Quellen Ng. S.58. Ez schol auch kayn antwerc kayn aynunge under in machen ane des rates wort. Swer daz prichet, der gibt fiunf phunt. 違反すれば、五ポンドという高額の罰金を納めねばならなかった。

（3）Ibid., S.41.

（4）Quellen zur Wirtschafts-und Sozialgeschichte Mittel-und Oberdeutscher Städte im Spätmittelalter, hrsg. von G. Möncke

（Ausgewählte Qellen... Stein-Gedächtnisausgabe, Bd.37, 1982), Nr.63（S.226f.). 佐久間弘展『ドイツ手工業・同職組合の研究—一四—一七世紀ニュルンベルクを中心に—』（創文社、一九九九年）二六頁。

（5）Pfeiffer, S.99 ; H. Ammann, Die wirtschaftliche Stellung der Reichsstadt Nürnberg im Spätmittelalter, 1970, S.45ff. 瀬原『ドイツ中世都市の歴史的展開』（一九九八年）一三九頁以下。なお、ニュルンベルク経済の全盛期である一六二一年には、手工業者親方は一〇〇業種、三五〇〇人に達したといわれる。Ammann, S.46.

（6）瀬原「バーゼル市における宗教改革の貫徹」（同『スイス独立史研究』ミネルヴァ書房、二〇〇九年）二一八頁。同「シュトラスブルク市における宗教改革の展開過程」（同『スイス独立史』）、三五三頁を参照。なお、アウクスブルク市の一六世紀初頭の状況も見ておこう。それによると、パン屋一四二人、肉屋一二〇人、魚屋八三人、ビール醸造業者一三五人、建築業者二〇三人、金属加工業者三四一人、織物業者一四五一人となっており、同市の主産業が圧倒的に織物業にあったことが判る。金属加工業者のなかでは、金細工師の比重が大きく、一五二九年五六人であったのが、一五七三年一三〇人、一五九四年二〇〇人に増え、同市民の裕福化がうかがわれる。織物生産を見ると、一五九五年バルヘント織物四一万反、一六一二年には同四三万六三六反に達しているのである。Geschichte der Stadt Augsburg, hrsg. von G. Gottlieb, 1984, S.261–263.

（7）Pfeiffer, S.99 ; Ammann, S.51f. 瀬原『歴史的展開』五〇三頁以下。一五五七年ニュルンベルクに刃物鍛冶工は一二二人おり、週につき九ないし一〇万丁の刃物を生産していたといわれる。Ammann, S.51.

（8）Quellen Ng., S.187 ; Lentze, S.235. 親方の工房規模を制約したギルド規制はずっと維持されたようである。しかし、一六世紀に入ると、その規制をかいくぐって、複数の工房を所有することによって、事実上の大型問屋制的経営を営む者が現れている。具体例については、佐久間、前掲書、一八八頁以下をみよ。

（9）Chroniken d. deut. Städte, Bd.3（Nürnberg 3), S.133, 136, 138, 321, 335 etc. ; Lentze, S.234.

（10）F. M. Ress, Unternehmungen, Unternehmer und Arbeiter im Eisenerzbergbau und in der Eisenverhüttung der Oberpfalz von 1300 bis um 1630, Schmoller's Jahrbuch, 74 Jg./1954, S.50.

（11）Ress, S.65f.

（12）Ibid., S.80f., 66f.

（13）Ibid., S.82f.

（14）Ibid., S.75, 74.

（15）Ibid., S.84f. レーゲンスブルクのアウアー蜂起については、瀬原、前掲書、一七九頁。

（16）Ibid., S.72.

（17）Chronik. d. deut. Städte, Bd.1（Nürnberg 1), S.60ff.

（18）Ress, S.72 Anm.60.
（19）Pfeiffer, S.37.
（20）Ress, S.86.
（21）Ress, S.87.
（22）Ammann, S.49. 年代は定かではないが、一三世紀にニュルンベルクはErbendorfと相互関税免除協定を結んでいる。Ibid., S.18. 瀬原「中世末期・近世初頭のドイツ鉱山業と領邦国家」（『立命館文学』五八五号、二〇〇四年）一一三頁。
（23）Ammann, S.52–68. 史家シュタールシュミットも、一五世紀半ばから一六世紀末までの、商人化した金物業親方による、ドイツ各地での金物販売の例証を集めている。R. Stahlschmidt, Die Geschichte des eisenverarbeitenden Gewerbes in Nürnberg von den 1. Nachrichten im 12-13. Jahrhundert bis 1630, Nürnberg 1971, S.142. 佐久間、前掲書、一九〇頁をみよ。
（24）Ibid., S.52f., 58f.
（25）Quellen Ng., S.40–42, 75–77, 92ff.; Ammann, S.70–72. 検査料金は二二〇反で一五リブラlb.であり、一三七七年の検査料は七〇〇lb.（一万〇二〇〇反）、一五〇〇年は一五〇〇lb.（二万二〇〇〇反）であった。アウクスブルク市での生産量の二〇分の一程度であったことが判る。上記注（6）をみよ。また一四四一年ウルム市に集荷された麻織物は、検査料三五五五フローリンから推定して、一三万六〇〇〇反に達し、ニュルンベルクのそれの六倍であった。瀬原、前掲書、五一〇頁。
（26）Ammann, S.73.
（27）Ibid., S.72f.

第二節　ニュルンベルク国際商業の展開

a. フランドルへの進出

ニュルンベルクの広範囲にわたる商業は、一三三二／三年皇帝ルートヴィヒ・デア・バイエルが同市に向けて発布した「関税免除特許状」によって保障されていた。これは神聖ローマ帝国ならびにアルル王国内で関税の免除される地点七〇余箇所を列挙したものである(1)。その地点の配置を見ると、ドイツ北西から南東にかけて帯状に流れており、その両端にはフランドルの毛織物とヴェネツィアを入口とするレヴァントの胡椒があった。この両端を扼した都市はケルンとレーゲンスブルクであり、この両都市を凌がないかぎり、ニュルンベルクの国際貿易への飛躍は不可能であった。

とくにケルン市は、ドナウ方面へ輸出されるフランドル毛織物の集荷地であり、また一〇〇〇年頃イングランドから羊毛を輸入して、みずからの毛織物を織って、それをも併せて輸出しており、一一九一／九二年エンス Enns の、一一九二年ウィーンの市場で、その製品が並べられている。[2] さらにケルンは、一二五九年ケルン大司教から「貨物積み卸し強制権 Stapelrecht」を与えられた。それによると、ハンガリー、ボヘミア、ポーランド、バイエルン、シュヴァーベン、ザクセン、ヘッセン、その他東方の国々からきた商人は、ケルンを越えて商品を持ち込んではならない。またフランドル、ブラバント、その他メウーズ河の彼方の地域、およびネーデルラントから来る商人も同様である――ただし、マーストリヒトを除く――と規定されている。[3] このようであったから、ニュルンベルク商人の西方進出は容易なことではなかった。

にもかかわらず、それから半世紀たった一三〇四年、ヴォルムス経由の迂回路を通ったのであろうか、ニュルンベルクの商人 Conrad Nornbergaert von Aelmaingen がブリュージュに現れ、トゥールネの織物を購入しているの[4]を皮切りに、ニュルンベルク商人が続々とフランドルに現れる。ニュルンベルクの Holzschuher 商会の帳簿（一三〇四―〇七）には、主商品としてイープル、フイ、ポーペリンゲ、ドールニーク、ブリュッセル、ガン、ブリュージュ、マーストリヒトの織物が挙げられているのである。[5] 一三一一年には、ブラバント大公ヤンより、ルーヴァン、ブリュッセル、アントヴェルペン、フィルフォルデ Vilvoorde、ジュネップでの関税免除を認可され、一三二三―三四年、ニュルンベルクの商人ルートヴィヒがアントヴェルペンで苦情の末、免除を克ち取っている。このルートヴィヒは、おそらくニュルンベルク市参事会員フィンツィンク Pfinzing の一員で、一二六四年マインツとの相互免税協定を締結したとき帝国シュルトハイス職にあったMarquart Pfinzing の曾孫であったとおもわれる。ルート

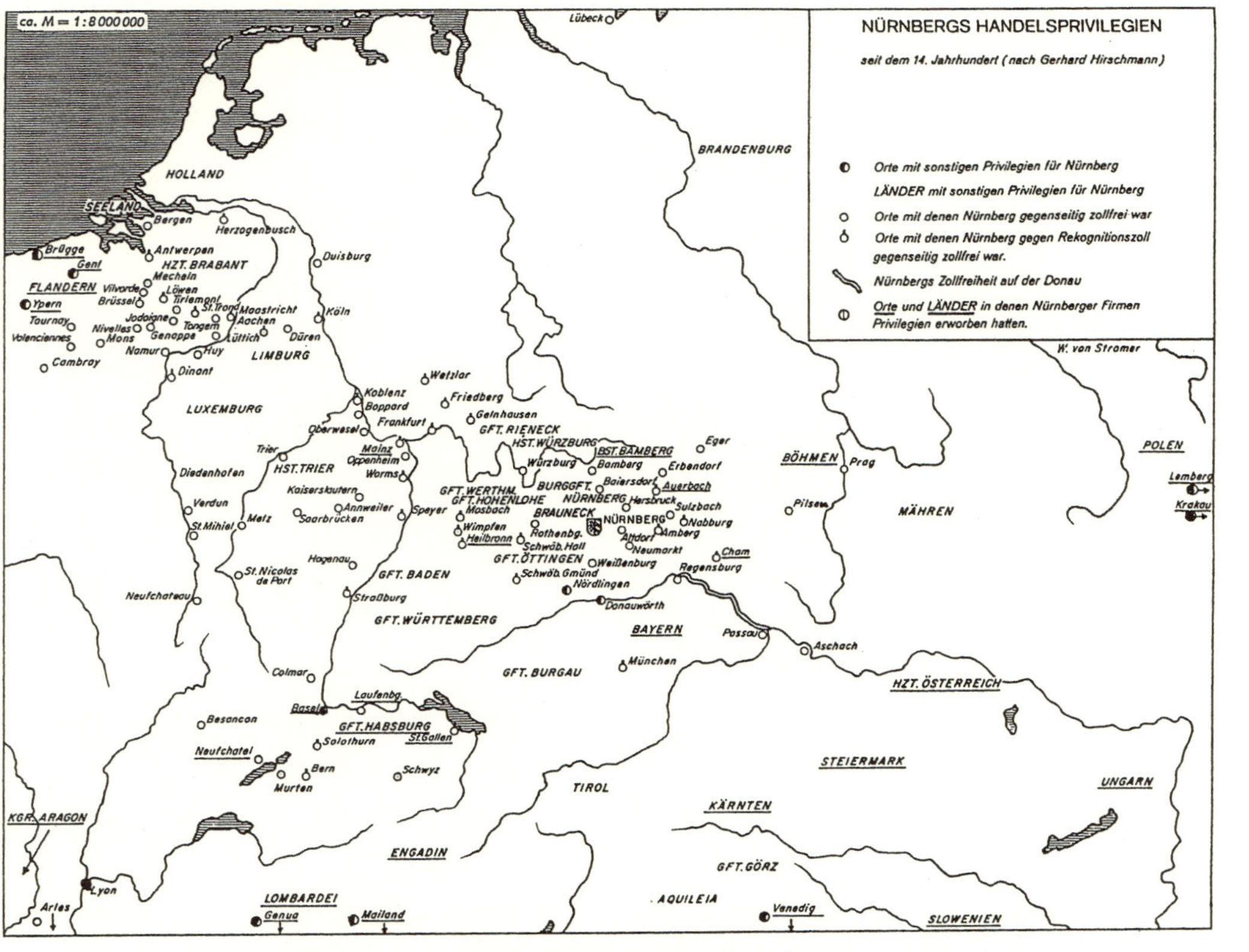

中世末期ニュルンベルク商業特許承認都市分布図（Stromer, Beilage）

ヴィヒの甥フリードリヒは、一四世紀中頃ケルンに定住し、ニュルンベルク商人のための便宜をはかっている。[6]そして、一三三四年には、ケルン大司教ヴァルラムは、ニュルンベルク商人に例外的にシュターペル強制を免除し、相互関税免除を承認した。[7]ケルンの障壁は破られたのである。一三五〇年、Heinrich (IV.) Holzschuher（商会の一員）は、市参事会の前で、リエージュまで商行したこと、また一三六八年ケルンで胡椒二分の一ポンドを売ったことを報告している。一三四二年には、裕福な市参事会員 Guntherr 家のハインリヒが、トゥールネの織物買い付けのため五六〇金グルデンの大金を持たせて使用人をフランドルへ派遣している。同地には、ニュルンベルクの代理人として Seitz Groland なる者が住んでいた。Schürstab 家の帳簿（一三五三、一三六四―八三）によれば、同家は一三六四年秋、〈Dorn〉（トゥールネ）の織物二二反三四六グルデン――一反につき一四グルデン――を購入し、それより少し前、同家は Herrmann Ebner, Ulrich Eysvogel と共同で、六荷駄とトゥールネの織物八反をオーフェン（ブダペスト）で販売した。[8]

こうした流れの仕上げが、一三五八年起こったハンザ同盟によるフランドル商業ボイコット事件である。かねてフランドル毛織物やブリュージュに集荷される西欧の商品の購入と、北・東欧の商品の売却にさいして、ブリュージュ商人によって不当に要求される高い仲買料、計量にさいしておこなわれる不正に立腹したハンザ同盟は、この年一月二〇日、リューベックで総会を開いて、ハンザの商館をドルトレヒトへ移転し、総員がブリュージュから退去し、東欧の穀物を運ぶハンザの船をスルイス港に入港させないことを決議した。フランドル側は西欧から可能な限りの商人を誘致し、また東欧の穀物の搬入港としてイーセル海のカムペン Kampen を確保するなど手を尽くしたが、抵抗は永続せず、一三六〇年ハンザに旧来の諸特権を再確認して、和解した。そのさいカムペンには、一三六一年五月一四日、領邦君主フランドル伯ルイ・ド・マーレから、ハンザに賦与されたと同様の特許状が与えられた。そして、それと全く同じ特許状が八カ月後の一三六二年一月二三日、フランドル伯とガン、ブリュージュ、イーペルのフランドル三都市とによって、中・南ドイツの諸都市のなかで、唯一ニュルンベルク市民に対して与えられ、五九箇条にわたって商業の自由、関税免除の権利が承認されたのである。[9]

じつはその一三五八年、ないし一三五九年一二月に書かれたとおもわれるトルンThorn市（ドイツ騎士団領）のニュルンベルクに宛てた抗議書がある。それによると、ニュルンベルク商人Nicolaus Ysfogelなる者が、禁制品の高価なフランドル織物一四荷車分を売り歩いているというのである。[10] 明らかにスト破り的なこの行為は、おそらくニュルンベルク市当局黙認のもとでおこなわれたものであり、これに対する報奨が六二年の特許状賦与となったものであろう。ある史家は、フランドル伯の特許状は、ニュルンベルク市にとってはさほど意義のあるものではなかったと評価している。確かに、当時フランドル毛織物業には異変が起きており、豪奢な厚手の「三都市」の織物に代わって、薄手のセーsaies（ウーステッド）織物が農村工業として大量に織られ、産業立地もブラバントに移動していた。バルト海沿岸、東欧でもこの粗製毛織物が大いに歓迎された模様である。[11] 他方、ニュルンベルク自体でも、先述したように、一四世紀初頭から、粗毛織物業が勃興し、一三七七年には生産量一万反に達している。[12] この土着産の織物の販売に懸命で、フランドル織物の販売は二の次になったとおもわれる。ただし、ブリュージュはイングランドからの羊毛の輸入窓口としてなお重要性を失っておらず、ニュルンベルク商人は、門閥市民ウルマン・シュトローマーのように、その羊毛を自都市へ、あるいはロレーヌ、スイスの陸路を通じて、イタリア、とりわけフィレンツェに運搬すべく苦闘しているのである。[13]

最後に、一四世紀後半から一五世紀にかけての南ネーデルラントにおけるニュルンベルク金物の販売状況を概観して本節を締めくくりたい。（ ）の数字は年代。

Antwerpen

ブリキ桶三ケ（価格三一・五フラン、一三九七）剣一振（一四五九）銅一五樽（一四九〇）ブリキ一二一五枚（一四九一）銅四樽（一四九一）銅二樽（一四九二）小ブリキ桶一八ケ　大ブリキ桶二ケ　銅三〇荷　真鍮、銅線三荷　銅板二八枚　銅塊八一片（以上一五〇二）鋼鉄一樽（一五〇六）甲

冑用板金二四枚（一五〇七）鉄箱二ケ（一五〇九）
Middeleburg　真鍮製品（一四七八）
Brügge　白・黒色ブリキ一一樽（一四八四）
Bergen-ob-Zoom　一八〇〇グルデンのニュルンベルク諸雑貨（一四九三）
Leiden　刃物八〇〇丁　ろうそく台三〇〇台（以上一四九六）
Mecheln　数量不祥の銅（一五〇一）
Dortrecht　droege goede van Nurenberch〔小物の鉄製品〕（一五〇四）
Hertogenbosch　ブリキ桶一二ケ　ほかに真鍮三荷　ブリキ桶二ケ（一五〇六）
ブラバント大公　ブリキ桶六〇ケ（一四〇九　掛け売り）[14]

一三八五年以来ニュルンベルク商人の姿がロンドンで見られ、一四三〇年Strome(i)r–Ortlieb商会が数年来同地で商館を保持していた事実を付言しておこう。[15]

（1）Chronik. d. dt. Städte, Bd.1, S.222–223; Quellen Ng, S.197–199; Quellen zur Wirtschafte-u. Sozialgeschichte Mittel-u. Oberdeutscher Städte, Nr.39（S.176f.）.
（2）Ennen, Kölner Wirtschaft im Früh-u. Hochmittelalter, in: Zwei Jahrtausend Kölner Wirtschaft, Bd.1（1975）, S.137.
（3）Lacomblet, UB. Niederrhein II, Nr.469（S.261f.）; Ennen, S.179.
（4）R. Häpke, Brügges Entwicklung zum mittelalterlichen Weltmarkt, 1908, S.118f.; W. von Stromer, Oberdeutsche Hochfinanz 1350–1450, VSWG. Beiheft 55（1970）, S.22f.
（5）Stromer, S.22.
（6）Häpke, S.118; Ammann, S.19, 26; Stromer, S.22f.
（7）Stromer, S.24.

（8）Ibid., S.25.
（9）Häpke, S.119；Stromer, S.21, 26-31. この特許状（原文はフラマン語）の、当時のドイツ語による翻訳文が、Stromer, a.a.O., Teil Ⅲ, Beilage 3.（VSWG. Beih.57, 1970）, S.464-473. に掲載されている。
（10）Stromer, S.31 u. Beilage 1；Quellen zur Wirtschafts-und Sozialgeschichte Mittel-und Oberdeutsche Städte, Nr.58（S.212f.）
（11）拙稿「大黒死病とヨーロッパ社会の変動」（『立命館文学』五九五号、二〇〇六年）一六頁以下を参照。
（12）Ammann, S.70f. 本書一九二頁参照。
（13）Stromer, S.35f. 拙稿「原スイス誓約同盟の成立——ザンクト・ゴットハルト峠の開通を視野に入れて——」（瀬原『スイス独立史研究』）六四頁以下。
（14）Ammann, S.53, 55f.
（15）Stromer, S.42.

b. イタリアへの進出

ニュルンベルク商人のイタリアへの進出に当たっては、ヴェネツィアとミラノ、ジェノヴァが目標となる。

ヴェネツィアのシュターペル権は強力で、同地に着いたドイツ商人は、自由な取引は許されず、「ドイツ人商館Fondaco dei Tedeschi」に閉じ込められ、仲買人を通じて取引することを強制された。「商館」の設立されたのが一二二〇年頃であるところから明らかなように、ドイツ商人のヴェネツィア進出が始まるのは一三世紀初頭からであるが、その先駆けをなしたのはレーゲンスブルク商人であった。たとえば、一二四二年ヴェネツィアに毛皮が輸入されているが、当時この品目の商業で著名であったのはレーゲンスブルク商人であった。だから一四六二年同市参事会が胸を張って「この地方において、ヴェネツィアへの道を最初に建てたのは、われらであった」ということができたのである。次いで現れたのはウィーン商人であり、これには継続的な記録があるが、ドイツに関していえば、一三世紀以来密接な関係を結んだはずのアウクスブルク商人については、一二八二年に最初の記録はあるものの、一三七〇年以降の増加に入るまで、その記録は細々としたものである[1]。

ニュルンベルク商人のヴェネツィア行も一三世紀末、ないし一四世紀初頭に始まった。たとえば、Sigmund Meisterlin の年代記によれば、門閥市民の Ebner, Behaim 家は一三世紀後半ヴェネツィアとの交易で裕福になり、一二七六年、Konrad Ebner は皇帝ルードルフ一世に多額の融資をしたとされ、当時「ニュルンベルク商人は、ヴェネツィアとの商業で、無一文からとてつもない富豪になる」という世評がしきりと流布したといわれる。(2) 文書的にヴェネツィア滞在が確認される最初の人物は、その Behaim 家の代理人 Marquard Tockler で、一三三一年のことである。(3)

それ以後は怒涛の如きニュルンベルク商人のヴェネツィア行が起こった。「ドイツ人商館」に関する史家シモンズフェルトの悉皆(しっかい)的調査報告に出てくるニュルンベルク商人の数は、一三三一—一五〇五年間に二〇〇人以上を数え、同期間のアウクスブルク商人四九人、レーゲンスブルク商人二五人と比べて、格段の差がある。(4) そのニュルンベルク商人のなかでは、一四世紀前半には上記 Behaim, Ebner 家のほかに、Pfinzing, Holzschuher, Stromer 家などが活躍し、彼らは一三三五年、ヴェネツィアから輸入した香料・胡椒の販売店をケルン市に設けている。一四世紀後半に入ると、Mendel, Rummel, Kress, Pirkheimer, Koler, Granetel, Imhof といった諸家が、ヴェネツィアと恒常的な商取引関係をもち、ニュルンベルク商人だけで「商館」の宿泊用小部屋五六室のうち、少なくとも六部屋を常時貸し切りにしていたほどである。(5) のちニュルンベルク市法律顧問として活躍するショイル Christoph Scheurl の名前が、一四七五年のヴェネツィア来訪者名簿のなかに見える。(6)

ヴェネツィア商業がニュルンベルクにとって生命線的意義をもっていたことは、一四一七—二〇年の皇帝ジギスムントの対ヴェネツィア商業封鎖政策に対して、彼らが毅然として抵抗の姿勢を取ったところからもうかがわれる。その件で、一四一八年、Pirkheimer, Pfinzing, Ebner, Schnödt という門閥市民を含めた商人一五名が処罰され、重い罰金が課せられた。それでも不服従を止めなかったので、翌年二三名の商人が牢獄につながれ、なかには半年以上もヴェネツィアにとどまって、機をうかがう者さえ出たのである。(7) 一四三四年には、ニュルンベルク商人は、

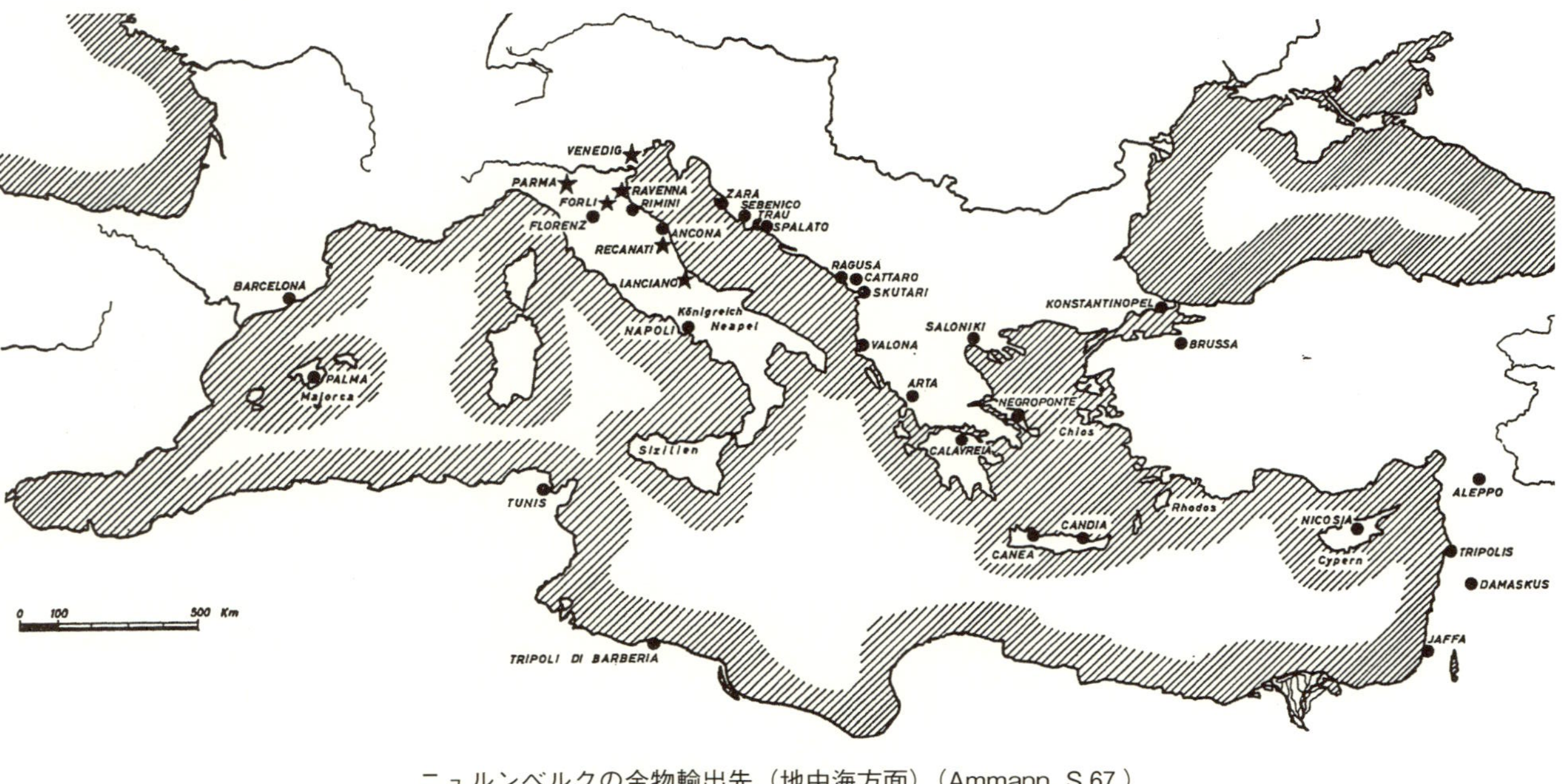

ニュルンベルクの金物輸出先（地中海方面）（Ammann, S.67.）

ヴェネツィアに聖ゼーバルト礼拝堂を建てさえした[8]。

ニュルンベルク商人がヴェネツィアで販売した中心商品は金物であった。一六世紀アウクスブルクで書かれた記録は、輸出品の大部分が「銅板、鉛、真鍮、鉄、鋼鉄、銀板、針金（fill de ferra）、ブリキ桶（bazilli beltri）」から成っていたと述べている。そして、ヴェネツィアの仲買人Bartholomeo di Pisaの報告によれば、これら金物はギリシア、東地中海沿岸だけでなく、北アフリカ、マヨルカ島、バルセローナにまで売られたという[9]。それを図示したのが、前頁の図である[10]。

他方、ミラノの方であるが、ミラノ・ドイツ間の交易は、ヴェネツィアにやや遅れて始まった。ロンバルディアに現れたドイツ商人の最初は、一三〇三年シュトラスブルク、一三〇六年リンダウのそれであるが、これはシャンパーニュ大市に出ているフランドルの毛織物、ないし羊毛をミラノにもたらしたものであろう。次いで一三三五年には、ケルン市が、「ケルンに滞在する……ニュルンベルク、ロンバルディア、ヴエネツィア商人に、賓客Gästenとして、卸売で香料を売買すること」を許している。つまり、ミラノ商人がフランドルに出掛けている証拠である。一三四六年には「ジェノヴァ条例Provisiones Janue」なるものが出されるが、それによると、アルプスの彼方（北側）とジェノヴァ間の商業・交通を自由とし、それに対してミラノの領主は最低廉な関税で優遇するというのである[11]。

一三四七年ミラノのPetrus e Gervasius de Restis de Raude兄弟が、従兄弟たちと資本金八〇〇〇フローリンの商社を設立した――あるいは、商社契約を更新した――が、その設立趣意書によれば、「ミラノ、教皇領、マントヴァ、ヴェネツィア、ジェノヴァ、ヴェローナ、フィレンツェ、フランス、イギリス、ブルゴーニュ、フランドル、アルプスの彼方、その周辺」で商売をおこなうとある。事実、その後の活動を見ると、ミラノ産のバルヘント織物を大量にブリュージュへ送り、そこからイングランド、プロイセン、ポーランドへと輸出し、逆にフランドルの毛織物、イギリスの羊毛を、ジェノヴァからはバレアル諸島から羊毛を輸入している。ドイツ人とも取引をし、そのなかにはニュルンベルクのシュトローマー家も入っていた[12]。

そのレスティス商社の代理人Johannes de Magantia（Mainz）が、商社の一員であるGallolus de Resta sive Raudeに宛てた書簡（一三四六年）が残っているが、それによると、ガロールスがニュルンベルクの商売仲間のCugratus（Konrad）にウィーンで銅二〇〇ツェントナー（一〇〇〇kg）を購入するように依頼したので、七〇〇グルデンの為替をコンラートに送ってほしい、と依頼している。しかし、ウイーンでは入手できなかったので、ガロールスはコンラート――もしくは、その代理人――をプラハへ派遣し、銅七〇ツェントナーを入手した、云々というのである[13]。このコンラートは、当時銅取引を主要業務としていたウルマン・シュトローマーの異母兄ではないか、と推定される。そのコンラートは同年ミラノへ赴く途中、マロヤMaloja峠で同伴者により殺害されており[14]、また翌年ウルマンの兄弟クンツェKunzeがミラノで疫病のため亡くなっていて、シュトローマー家のミラノ進出の活発さがうかがわれる。

当時ミラノはバルヘント織物を大量に北ヨーロッパへ輸出していた。一五世紀初頭の史料によれば、ヴェネツィアは二五万ドゥカーテン分の綿花を北イタリア都市に供給し、それに見合う織物を集荷しているが、ミラノはこれを原料としてバルヘントを織っていたのである[15]。バルヘント織物の経糸である麻糸はオーバーシュヴァーベンから輸入されたものであろう。ロンバルディアの北ヨーロッパ向け毛織物、バルヘント織物の集荷地は、コモ湖の南端のコモであったが、そこの公証人Giovanolo Orabaniの一三七五年の記録によると、半年後払いの手形を入れたドイツ商人のなかでは、トップがルーツェルン商人で六七七一ポンド、次がニュルンベルク商人六五三五ポンド、三位バーゼル七九八ポンド、以下チューリヒ四四一ポンド、ザンクト・ガレン四三〇ポンド、ウルム三二五ポンドとなっている。そのニュルンベルク商人というのは、シュトローマー関係者、上述のコンラート、Ulrich Eisvogel, Konrad Bernoldたちであった[16]。漸次ドイツ商人がミラノに入って来ていることが判る。

ロンバルディアの公証人記録は、輸出品として毛織物、バルヘント織物のことを記しているが、その対流となる

表3　ドイツ商人のミラノ行（lb.＝リブラ）

年代	商人名	業務内容	
1388	Peter d. J. Stromer（Nürnberg）	白バルヘント購入	1740lb.
1388	Hans Wartmut（Frankfurt）u. Hans Tierlin（Nürnberg）	バルヘント購入	1000lb.
1395	H. Warmut u. H. Tierlin	バルヘント購入	144lb.
1394	Peter Judenschmidt（Rothenburg）	?	1000lb.
1399	Friedrich ?（Strassburg）	バルヘント購入	5079lb.
1399	Friedrich（idem）	同　上	1782lb.
1399	Sendelbach, Bartholomäus（Nürnberg） 1399年ペスト猛威をふるう[20]	同　上	6600lb.
1401	Johannes Spiegler（Nürnberg）	バルヘント購入	1700lb.

輸入品については、ほとんど記していない。しかし、その輸入品が羊毛、金属原材料、金物であったことは確かで、ちなみに上記 Ulrich Eisvogel が、前述の一三五八／五九年フランドル経済封鎖破りの犯行者であるかどうかは確定できないが、一三六四年オーフェン（ブダペスト）でフランドル織物を商っており、一三八三年にはシュトローマー家に賦与されたハンガリー特許状（後述）を更新し、ニュルンベルクでは税関長を勤め、冶金業の専門家であった。また Bernold の方もニュルンベルクの冶金業者、金銀細工匠で、一三七一年ミラノに定住し、その市民となっている[17]。

一三七五年以後は、シュヴァーベン都市同盟（一三七六―八九）と諸侯たちの紛争、大都市戦争（一三八八）[18]勃発による商路不安、ミラノにおける政変――一三八五年 Barnabo Visconti が追放され、その甥 Gian Galeazzo が政権をにぎった――のため、ドイツ商人のミラノ行は中断するが、その後は漸次再開される。表3に、その模様を摘記する[19]。

表3の Bartholomäus は、おそらくニュルンベルク市参事会員選出家系所属の Bartolomeus Zenner であるとおもわれるが、一四二七／二八年の Giovanni e Vitaliano Borromei の商業帳簿によれば、彼は錫の供給者、バルヘントの購入者、為替決済業者と記載されている[21]。

ドイツ商人のジェノヴァへの進出については、ニュルンベルク商人と並んで、コンスタンツ商人の活躍が目立つことをすでに別の箇所で述べた[22]ので、繰り返さない。ここでは、コンスタンツのあとを継いで、一五世紀前半から西地中海に進出した大ラーフェンス商事会社の活動を示す二例を挙げるにとどめる。すなわち、一四六七―八〇年の八年間に、商会はバルセローナへ次のような商品を輸出した。[23]

オランダの麻織物	一八三〇ポンド
ブルゴーニュのブドウ酒	一六四四ポンド
北フランスの毛織物	一〇一四ポンド
Audenarde（南ネーデルラント）の毛糸	二二九ポンド
真鍮板	九三ポンド
鉄線	一〇七ポンド
藍染料	六〇ポンド

また、一五〇六年、商会がスペイン全体に輸出した商品は次のごとくである。[24]

銅板	一二六七ポンド
オランダの麻織物	一一六七ポンド
オーバーシュヴァーベンの麻織物	五三二ポンド
ザンクト・ガレンの麻織物	三二〇ポンド
アラスの毛織物	二七〇ポンド
テーブルクロス	二一六ポンド
鋼鉄	一〇一ポンド

ラーフェンスブルクの麻織物　　一〇二ポンド

この二例で気付くのは、一六世紀に入って南ドイツの麻織物が輸出品として躍進していること、全体としてオランダの麻織物が意外なほど大量に輸出されていること、金属製品が大きな比重をしめていること、であろう。

（1）H. Simonsfeld, Fondaco dei Tedeschi in Venedig, Bd.2, 1887, S.8, 47f., 50f., 57f. 拙稿「ヴェネツィア、ジェノヴァと南ドイツ都市」（拙著『中世都市の歴史的展開』所収）四九六頁以下。ヴェネツィアにおけるウィーン商人の記録初出は一三〇一年である。ウィーンの大商人に対してはオーストリア大公アルブレヒトが優遇を図り、一三三二年ヴェネツィアに赴くのは大商人に限る、小間物販売業者でヴェネツィアへ赴く者は、小間物業をやめねばならない、と規定している。また、一三八六、八九年には、同名のオーストリア大公も、Linz, Enns, Steyr, Wels, Freystadt の五市を除いて、プラハを含めた他の商人はヴェネツィア往復にさいし、フィーラッハ Villach、ゼンメリンク Semmering 峠を通らねばならない、つまりウィーンを通過しなければならないと規定し、ウィーン優遇を図っているのである。Simonsfeld, S.50f., 81.
（2）Ibid., S.73f.
（3）Ibid., S.74.
（4）瀬原、前掲書、四九八頁。
（5）Pfeiffer, S.52f.; Simonsfeld, S.13. 瀬原、前掲書、四九八頁。
（6）Simonsfeld, S.78.
（7）Ibid., S.76; Ammann, S.174. 瀬原、前掲書、五二五頁以下。
（8）Ammann, S.174.
（9）Ibid., S.67f.
（10）Ammann, Karte V; 瀬原、前掲書、五〇四頁。
（11）A. Schulte, Geschichte des mittelalterlichen Handels und Verkehrs zwischen Westdeutschland und Italien mit Ausschluss von Venedig, 1900, Bd.1, S.555f.; Stromer, Hochfinanz, S.53.
（12）Stromer, S.55f.
（13）Ibid., S.58.

（14）Chronik d. deut. Städte, Bd.1, S.63. なお、コンラートを殺害した犯人は、一一年後父と同名の息子によって血の復讐を受けた。拙著、前掲書、五一六頁は、殺害されたコンラートを「ウルマンの甥 Hans Stromer」と記した。史料を読む限りではハンスと読め、アムマンもハンスとしているが、ここではシュトローマーの見解に従っておく。Ammann, S.176 ; Stromer, S.54f.
（15）Schulte, S.569. 瀬原、前掲書、五二一頁以下。一四世紀後半のロンバルディアのバルヘント織物業の全盛情況を見て、アウクスブルク、ウルムの商人はバルヘント織物業のドイツへの移植を思い立ったのではなかろうか。
（16）Schulte, S.570f. ; Stromer, Hochfinanz, S.78. 瀬原、前掲書、五一七頁。
（17）彼らは一三八六年イギリスの羊毛六〇 Ball 大梱包（こんぽう）をミラノへ輸入する働きをしている。Stromer, Hochfinanz, S.69f.
（18）シュヴァーベン都市同盟、大都市戦争については、瀬原、前掲書、第六章「シュヴァーベン都市同盟について」（三三七～四二〇頁）を参照せよ。
（19）Stromer, Hochfinanz, S.75f., 79, 81, 84.
（20）Ibid., S.82 Anm.117. は、一三八四―九八年間、ペストで亡くなったニュルンベルク有力市民三四名余の名前を列挙しており、深刻な打撃であったことを示唆している。
（21）Ibid., S.87.
（22）瀬原、前掲書、五一七頁以下。
（23）A. Schulte, Geschichte der Grosse Ravensburger Handelsgesellschaft 1380–1530, Bd.1（1923）, S.330.
（24）Ibid., S.312.

第三節　東ヨーロッパへの進出

東ヨーロッパはニュルンベルクの進出の独壇場といえる地域であった。

その発端となったのが、一三一二年のヴィエンヌの公会議であった。同会議は、アッコンの陥落、教皇ヨハネス二十二世の新十字軍発向の意向を受けて、イスラム教徒への木材、鉄、銅などの軍需物資の輸出、とくにアフリカからの金、銀の輸入を厳禁したのである。[1] それによって大きな影響を受けたのがヴェネツィアとフィレンツェで、彼らはこれまでヨーロッパに供給し続けてきた良質の金貨ドゥカーテン Dukaten、フローリン Florin（ドイツではグルデン Gulden）の発行に困窮をきたした。その代替となる貴金属はハンガリーに求めるほかはなかったが、そのハンガリー東北部（カルパティア山脈）産貴金属の輸出に対して、オーストリア大公が一つの障壁を設けた。すなわち、一三一二年オーストリア大公アルブレヒト二世が、ハンガリーとの商業をウィーンに独占させるため、ウィーンの「貨物積み下ろし強制権 Stapelrecht」を強化したのである。[2]

これに反撥したボヘミア国王ヨハン、ハンガリー国王シャルル・ロベールは、一三三五年九月三日、Wissegrad に会して、対抗措置を協定した。この協定にポーランドも加わるが、一三三六年ボヘミア王がフランクフルト商人に与えた特許状によると、同商人がこれらの国を往来するにさいして、オーストリアが妨害した場合、これを保護すると保障している。一三三七年一二月二四日ハンガリーのグラン大司教も、その領域内での関税免除の特許状をライン、フランドル、シュヴァーベンの商人たちに発布しているが、そのなかにニュルンベルク商人 Schopper 家が含まれていた。すでにそれより前、一三二一年と一三二六年に、ボヘミア王はニュルンベルク商人にプラハでの相互交易を特許しており、[3] エーガーとプラハの大商人 Schefferin と Meinhart はニュルンベルクに移住し、鉄鍛造ハンマーの所有者 Conrad Stromer の妹、娘とそれぞれ婚姻を結んでいる。このコンラートの息子フリードリヒは、ヨハン王の国王官房の書記を勤めており、一三四七年ボヘミア王で皇帝となったカール四世の官房にも姿を現している。そのさいニュルンベルク市民 Schatz 家の三人の甥も一緒に勤務している。[4] 一三三八年にはモラヴィア辺境伯カール（のちの皇帝）が、ニュルンベルク商人の請願に基づいて、国王ヨハンが一三二六年に認めたボヘミア商行にさいしての安全保障を、再確認した。[5] このようにボヘミアでの基盤を固めたうえで、ニュルンベルク商人のポーランド、ハンガリーへの進出が始まる。

まずポーランド王カジミールは、一三五四年、ニュルンベルクの商人にクラクフ市で商業をおこなうことを認めているが、[6] それは、ドイツ騎士団の支配下にあり、ハンザ同盟にも属する、ウィスラ河中流の都市トルンの目覚ましい経済活動を抑えんがためであった。すでに述べた一三五八年か五九年の一二月、ニュルンベルク商人 Eisvogel が、ハンザのボイコットを蹴って、ポーランドでフランドル織物の販売を強行したのも、そうした流れに乗った行為であった。そして、一三六五年二月一〇日、カジミールは、皇帝カール四世の要請に基づいて、ニュルンベルク商人に王国内、とくにクラクフからレムベルク Lemberg 間において商業を自由に営む権利を認めたのである。昔からの道路を通い、従来の関税を払い、そこで流通する貨幣を受け取るという条件においてである(7)。

じつはその前年の一三六四年九月、クラクフにキプロス王ペテロ、デンマーク王ヴァルデマール、ハンガリー王ルイ、皇帝、ポーランド王カジミールが合会し、皇帝とハンガリー王の個人的・政治的確執を解決したが、そのさいオーフェン（ブダ）、クラクフ、ウィーン、プラハ各都市のシュターペル権を緩和することが約束された。五人の元首たちは、クラクフの豪商 Niklaus Wirsching の自宅で、盛大な宴会を開いたといわれる。これらの会合、協約の背後では南ドイツ、とくにニュルンベルク商人の根回しがあったのであり、上記の六五年の通商自由承認はその報酬であった(8)。

このクラクフの豪商ヴィルシンクというのは、一六歳以上のポーランド人すべてから徴収された教会の聖ペテロ税 Peterspfennig が委託された商人であり、彼はその膨大な入金をクラクフ市参事会員 Johannes Lutsmann に委託してブリュージュまで運ばせ、ブリュージュ市民 Arnoldus Poltus の家で教皇側の受取人、あるいはイタリア商人に渡し、アヴィニョンへ運ばせたのであった。そして、この家こそ一三六二年にニュルンベルク商人がフランドル伯の特許状を受け取った場所であり、その文書の証人リストのトップに立っているのが Lutsmann であった。つまり、クラクフ商人とニュルンベルク商人の間には、密接な連携が樹立されていたのである(9)。ちなみに一三六五年教皇ウルバン五世は、ポーランド使者の要請に応じて、ポーランド財務副長官 Demetrius von Goraj de Russia、Wirsching 系の二人のクラクフ商人、ニュルンベルク商人 Conrad Pfinzing、その妻 Margarete に完全贖宥状を発給している。そのクラクフ商人の一人は Peter Winrich といい、塩鉱山の経営者であり、また Pfinzing は、ケルン、マーストリヒトでニュルンベルクの出先機関の役割を果たしたFritz Pfinzingの甥であった[10]。

ハンガリーでは、一三三七年のグラン大司教の関税免除の認可（上述）に次いで、一三五七年七月二九日、プラハ商人Nicolaus Scherph、ニュルンベルク商人Wolfram Stromerの要請に基づいて、ハンガリー王ルイ（大王）は通商自由の認可をプラハ、ニュルンベルク商人全般に拡大適用することを認めた[11]。その前年、国王ルイは皇帝カール四世の支持を得て、ダルマティア（ザラZara）の奪回を目指してヴェネツィアと戦争を起こしたが、戦いはヴェネツィアの敗北におわり、一三五八年二月一八日の平和締結にさいして、皇帝はヴェネツィアに対して、同領内でのドイツ商人の自由な商業を保障するように要求した。ヴェネツィアはこれを拒否したが、結局、ヴェネツィアから金・銀の鋳貨の輸入にさいして、関税を地金輸入にさいしてのそれの半分にすることで合意した[12]。一三五八年七月三日オーストリア大公ルードルフが、ニュルンベルクの帝国議会において、Ulrich Stromerとその商会に商業の自由特許状を与えた[13]のは、おそらくそれと関連して出されたものであろう。つまり、ニュルンベルク商人がハンガリーの貴金属を携えてオーストリア領内を通過し、ヴェネツィアに出ることを前提とした特許状であったのである。一三五七年のハンガリー王の特許状は、一三八三年六月二六日、国王ルイの後継者マリアによって更新され、オーストリアの特許状も同年一〇月一六日更新された[14]。

そもそも一四世紀初頭までカルパティア諸鉱山に主要に関与していたのは、ヴェネツィアとフィレンツェであった。ヴェネツィア商人は、一三三七年までにすでに二〇年以上ボヘミアへ商旅をおこなっている商人Petrus Vulpeの例が示すように、ハンガリー、プラハへ積極的に出掛けており、またハンガリー商人が一二二四年、一二二六年、一二二七年とヴェネツィアに訪れている[15]。

一三〇八／一二年以降ヴェネツィア、フィレンツェで造幣される金・銀貨は大部分ハンガリー産に依拠しているが、当時ハンガリーは世界の金生産の三分の一、銀生産の四分の一を占めていたといわれる[16]。

国王ルイの治世にカルパティア貴金属鉱山を支配していたのは、ハンガリー造幣の最高責任者であったフィレン

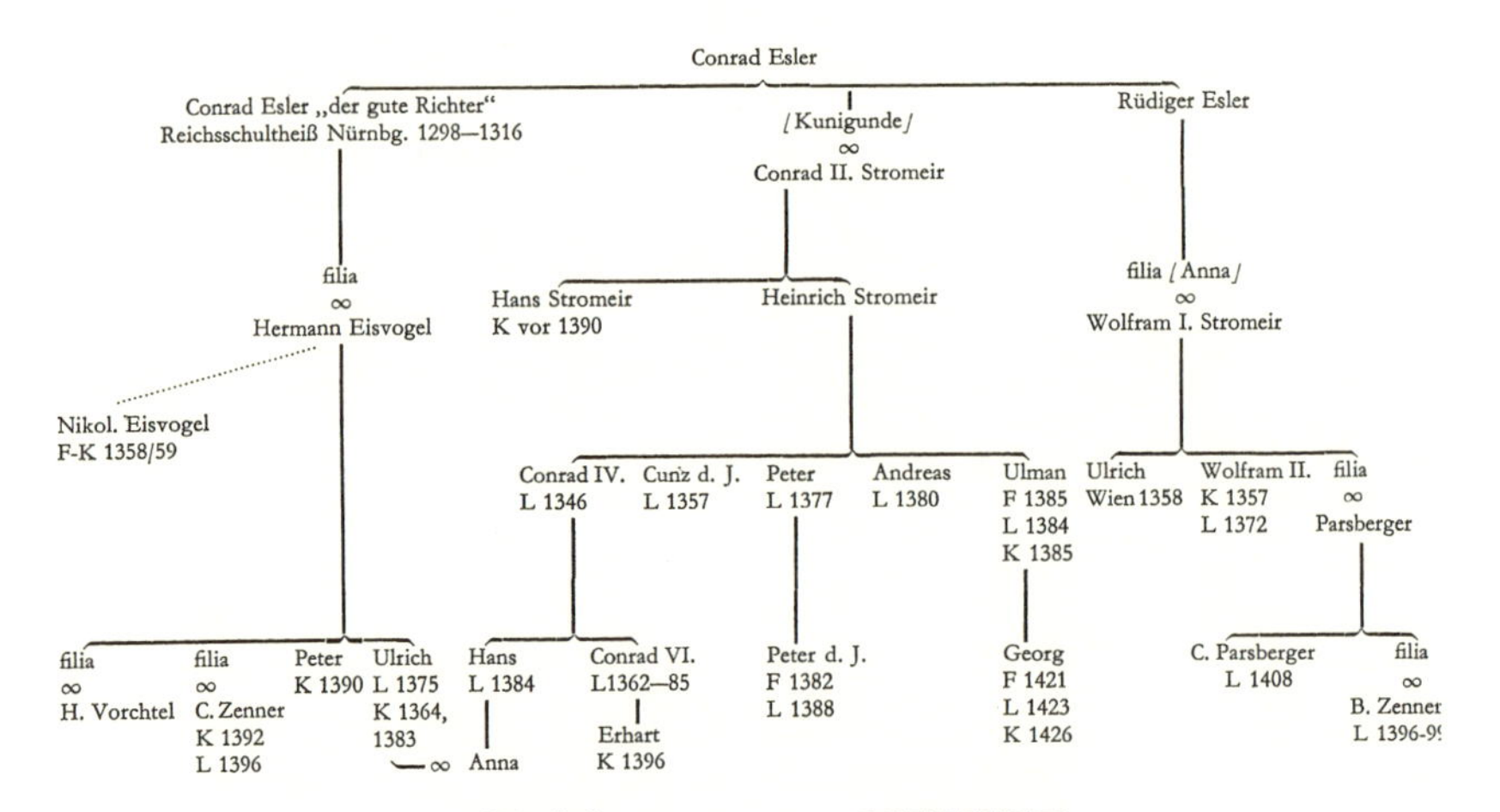

14世紀後半シュトローマー家姻籍関係図
（活動地域　F.＝フランドル　L.＝北イタリア　K.＝カルパティア）

出典：W. von Stromer, Hochfinang, S.114.

ンツェの銀行家Bardiと「メディチ家のハンガリー部門 societas participum a ramine Hungarie des Vieri de Medici」であった。メディチ家は一三八〇―一三九一年間、ハンガリー銅によって、アドリア海、北イタリア、レヴァント、フランドルの銅市場を完全に支配した。一三九九年になっても、フィレンツェ人Philippo de Scolaribusはハンガリー国王ジギスムントの宮廷で枢要な地位に就いている。一四〇三年ジギスムントが、王位をめぐってドゥラッツォのラディスラウスと争いになったとき、フィレンツェ人はラディスラウスを支持し、ジギスムントは在ハンガリーのフィレンツェ人すべてを逮捕し、その財産を没収した。これによって、ようやくフィレンツェ人はハンガリーから一掃され、ドイツ人のハンガリー鉱山への本格的な進出が可能となったのである。[17]

いまハンガリーで活動しているニュルンベルク商人の何人かの跡をたどってみよう。まずUlrich Eisvogel。彼は一三六四年、オーフェン（ブダ）でフランドルの毛織物を商っているが、一三七五年にはシュトローマー商会のミラノ代理人となっている。一三八三年には、一三五七年Wolfram Stromerが獲得したハンガリーでの通商自由の文書を手にし、金、銀の輸出に従事した。彼は熟練の冶金業者であったばかりでなく、彼の甥 Heinrich Eisvogel がボヘミア国王ヴァーツラフ（ヴェンツェル）の宮廷で高い地位に就いていたことから、大いに便宜を得ていた。ハインリヒは国王の代弁者の役割を演じ、一三八八年大都市戦争の勃発直前、都市代表者会議と意見を交わしている。ハインリヒ自身も鉱産物の取引に従事し、一三八八年都市戦争にさいして、Hersbruck で彼の所有するクッテンベルク産銅製品が諸侯側によって略奪されているのである。[18]

Schürstab 商会の取引帳簿（一三六三―八三）によれば、同商会はオーフェンで蝋と銀を買い込み、ニュルンベルクとネーデルラントの毛織物を販売している。[19] 同帳簿には、ハンガリーでの毛織物販売者として Herrmann Ebner, Enerhart Vorchtel の名前があげられている。エーブナーはニュルンベルクの門閥市民で、情報通としてシュトラスブルク、ニュルンベルクで信頼されていた。フォルヒテルは、ハンガリー商業の中心ともいうべきシュトローマー商会の一員であり、一三七四年にはミラノで売るブラバントの毛織物の仕入れをおこなっている。[20] そして、ウルマン・シュトローマーの『追悼録』には、「Hans Stromer、ハンガリーで没す。Herdegen Vorchtel、オーフェンで没す。Ulrich Eisvogel の兄弟 Peter、ハンガリーで没す」と記されているのである。[21]

なお、史家シュトローマーがまとめている一四世紀後半のシュトローマー家系図を前頁に掲げておく。[22] いかに親戚中が手分けして、フランドル、イタリア、カルパティアで活動していたかが理解されるであろう。

一四世紀末―一五世紀初頭にかけて、ハンガリーの財政、鉱山で絶大な権力を振るった人物に、ニュルンベルク市民 Ulrich Kamerer と Marcus がいる。カメラーは一三九六／九八年 Kaschau 市の〈comes tricesimarius〉〔三十分の一関税徴収官〕、国王ジギスムントの財務担当官になり、カルパティアの鉱産物をヴィッスラ河を通じて輸出するさいの最高監督官を勤めていた。[23] そのさい輸出事業をおこなったポーランド側のクラクフ商人に高関税を課し、一時大きな争いとなった。ハンガリーでの造幣量は彼の裁量によって決定され、造幣されなかった金、銀の輸出量によって中部ヨーロッパの貴金属相場は左右された。彼は同郷人と Ammann-Kamerer-Grau 商会を結成し、この貴金属をヴェネツィア側に売ることによって、利益を得ている。[24]

マルクスの方は、一三九五―一四一五年、〈comes tricesimarum〉、〈comes monetarum aureorum〉の称号をもち、一三九九年、ルクセンブルク朝からドイツの王位が失われようとしたとき、それを阻止するため、ハンガリー王ジギスムントの委嘱を受けて、その支持確保を手配するように、ニュルンベルクのブルクグラーフのヨハンに二万グルデンという大金を手渡している。(25) 彼もまた、ニュルンベルク商人からなるFlextorfer-Kegler-Zenner商社の一員であったが、フレックスドルファーとツェンナーがアルプスを越えて、ミラノにしばしば現れているバルヘント織物商人であるのに対し、ケーグラーは、その家族の一員にアンベルク造幣業者がいるように、「鉛、銅、真鍮の仲買人」であり、したがってこの商社は、マルクスを通して入手したハンガリー非鉄金属類をミラノに輸出し、見返りとしてバルヘント織物を仕入れるのを主たる業務とした商社ではなかったか、とおもわれる。(26) マルクスは、一四一四年秋、ジギスムントのアーヘンでの皇帝戴冠式に、そして、コンスタンツ公会議に皇帝に同伴し、翌年、ハンガリー最大の鉱山クレームニッツの支配人に任命され、最重要なハンガリー造幣所の長官にも就任しているのである。(27)

このころ銀精錬方法に革命的ともいうべき技術革新が起こっていた。銀を含有する銅は、従来銀を分離することが難しかったのであるが、粉砕された銀含有の銅鉱石に鉛と木炭を混入して加熱し、銅と鉛化銀に分離し、後者を吹分法によって銀を分離する方法が開発された。いわゆるザイゲルSeiger精錬法である。この方法の発見は一四五一年、ヨハネス・フンケJohannes Funkeによるとされるが、最近の研究によると、すでに一四世紀半ばからおこなわれていたという。(28) そして、一五世紀半ばから、本格的、組織的におこなわれるようになったものである。この精錬法をいち早く取り入れたのはニュルンベルクで、一四五三年同市のフラウエン門前に精錬所が設立されたといわれ、一四六〇年代以降、次々と同精錬所が設置されるにいたっている。(29)

ところで、その鉛であるが、その主産地はクラクフ近郊のオルクスクOlkuszk鉱山で、いままで不要視されていた金属がにわかに争奪の的となったのである。一四〇五年、上述のマルクスはハンガリー銀山のためポーランドの鉛の独占を企てた。彼はポーランド鉛をほとんど「所有物 eyn eigenschaft」視し、その輸入量、価格を勝手に定めようとした。このときポーランド側の鉱山監督官はクラクフ商人ニコラウス・ボフナー Nicolaus Bochner であったが、価格の高騰をねらっての、ハンガリーへの鉛の出荷停止を続けるため、つなぎ融資を上記の Kamerer-Seiler 商社に求めた。マルクスとは競争者である同商社は、さらに融資をケルン、ヴェネツィア、フィレンツェ商人に依頼したが、これら融資団からは十分な支援が得られなかったようで、一四〇六年春、出荷停止は崩壊し、三〇〇〇ツェントナーの鉛が即刻ハンガリーに手交されたのであった。ボフナーは融資団に二万五〇〇〇マルクの負債を負うことになり、オルクスク鉛鉱山は融資団の代表、ヴェネツィア人のピエロ・ピコラーノ Piero Picorano の監督下に入ることになったのである。[30]

ジギスムント王の財務担当職の地位は、マルクスに次いで、エーガー出身の Johannes Junckherr、Peter Reichel と受け継がれるが、ライヘルはニュルンベルク出身者とおもわれ、上記カメラー家の女と結婚しているが、彼は次の担当官であったトルン出身の Johann Falbrecht から、一四三二年、ある融資紛争の代償として、Göllnitz, Schmölnitz の銀鉱山の採掘持分権を譲渡されている。[31] しかし、このころからハンガリーのドイツ人排斥運動が激化し、一四三九年にはオーフェン（ブダ）蜂起となり、ニュルンベルク商人は資本の引揚げ、カルパティア鉱山からの撤退を余儀なくされた。ハンガリー鉱山の復活は、一四六八年、クラクフの技術者ヨハン・トゥルツォの登場を待たねばならなかったが、彼の導入した排水技術は独自の発明ではなく、残留していたニュルンベルク技術者のそれを受け継ぎ、発展させたものであったのである。[32]

地理上の近さからいって、ボヘミアの鉱山にニュルンベルクが関与しないはずがなかった。その中心クッテンベルク（クトナ・ホラ）銀山が開発されるのは一三世紀半ばのことで、オタカール二世のとき鉱山都市となり、一三〇〇年にはフィレンツェの造幣師が招かれて、厚手の銀貨、いわゆる「プラハ・グロッシェン Prager Groschen」が鋳造され、一躍有名になった。[33] フス戦争にさいして、一時衰微するが、一五二〇年代ヨアヒムスタールの台頭によって追われるまでは、クッテンベルクはボヘミア鉱山の首座の地位を占め続け、その生産額は年平均二万四〇〇〇重量マルクにのぼったといわれる。(34)

銀の国外輸出は厳禁であるが、銀の副産物である銅は輸出された。その最初の記録は一三六六、六八年であるが、大都市戦争にさいして、一三八八年五月、ニュルンベルク人で、ボヘミア国王書記である Heinrich Eysvogel の所有する銅二ツェントナー（一二五kg）が、輸送途上で貴族に強奪されたことはすでに述べた。(35) 一五世紀に入って、ニュルンベルクの門閥市民の一人 Hermann Gross が、造幣師としてクッテンベルクに現れている。しかし、フス戦争にさいして国外追放に処せられ、のちにその妻——彼女はシュトローマー家の女であった——が没収された家屋に対する請求訴訟を起こしている。(36) 一四六二年の史料によれば、クッテンベルク市民 Vanek Komoráe はプラハ市民で、おそらくニュルンベルク商社の代理人を勤める Johannes Gebhart に、七八〇金グルデン分の銅を引き渡す契約をしているが、国王の反対で、立ち消えになった。一四八三年には、元クッテンベルク造幣師の Jan Charvát は、ニュルンベルクの S. Puxtorffer に一八二八金グルデンの負債を負ったが、それに見合う銅で返済すると契約している。翌年、Chrarvät は Puxtorffer に二〇〇〇金グルデンの投資を求め、担保に大きな住宅と二つの精錬所を差し出している。一四八六年、同 Charvát は Puxdorffer 商社に二四ツェントナー（一二〇〇kg）の銅を引き渡している。(37)

一四九二年国王ヴラディスラフ二世は銅輸出の許可を与えたが、その受領者六人のなかにニュルンベルクの Heinrich Flik がいた。一五〇四年からは、ブルーノ市民 Franz Freysinger、クッテンベルク市民 Hans Troy がクッテンベルク銅処分権をほとんど独占し、とくに後者が顕著であったが、ニュルンベルク側は、その市民 Hans Ebner と Troy 間の引き渡し契約（一五一一年）、同じく市民 Tichtel 兄弟と Troy 間の引き渡し契約（一五一六年）を通じて、クッテンベルクへの関与を確保した。たとえば一五二四年、一五一四ツェントナーの銅（三八四〇マルクの銀を含有）が、銀一マルクを三ショック・グロッシェン SchockGroschen に値すると計算して、それを含めて一万三四四一ショックで引き渡されているのである。Troy の手数料は三〇二ショックであったが、こうして入手された銅が、ニュルンベルク市門外に設立された最新のザイゲル精錬所で精錬され、またこの精錬所がボヘミアの銅を引き付けたのである。[38]

Troy の死後、銅処分権は二万金グルデンの権利金と引き換えに、Komotau の領主 Sebastian von der Weitmül の入手するところとなったが、彼は一五二五年の契約に応じて、一五二七年、全銅鉱産物をザクセンの商社 Hieronymus Walter に引き渡したが、その背後には、アウクスブルクの商社ウェルザー家が立っていた。アウクスブルク資本との競合で、ニュルンベルクは苦境に追い込まれるが、一五二六年ハンガリー兼ボヘミア王ラヨシュ二世がモハーチの戦いで戦死し、代わってボヘミア国王に選ばれたハプスブルクのフェルディナントは、一五二七年ニュルンベルクのクッテンベルク銅買い入れ特権を認め、銅は従前通りニュルンベルクに引き渡されることになったのであった。[39]

(1) G. Probszt, Der Siegeszug des ungarischen Goldes im Mittelalter, Der Anschnitt, Jg. 9/1957, Heft 4, S.8.
(2) Th. Mayer, Der auswärtige Handel des Herzogtums Österreich im Mittelalter, 1909, S.29；Stromer, Hochfinanz, 90；Ders., Fränkische und schwäbische Unternehmer in der Donau-und Karpatenländern im Zeitalter der Luxemburger 1347-1437, Jahrbuch für Fränkische Landesforschung 31 (1971), S.356.
(3) Ammann, S.42；Stromer, Hochfinanz, S.90f.；Ders., Unternehmer, S.356.
(4) Stromer, Hochfinanz, S.90f.；Ders., Unternehmer, S.356f.
(5) Stromer, Hochfinanz, S.91.
(6) Quellen zur Wirtschafts-u. Sozialgeschichte Mittel-u. Oberdeutscher Städte, Nr.64 (S.228f.)
(7) Stromer, Hochfinanz, S.94f.
(8) Ibid., S.96.
(9) Ibid., S.97.
(10) Ibid., S.97f.

（11）Ibid., S.94；Ammann, S.165f.
（12）H. Kretschmayr, Geschichte von Venedig, Bd.2, S.215–218；Stromer, Hochfinanz, S.100f.
（13）Stromer, Hochfinanz, S.100.
（14）Ibid., S.99.
（15）Simonsfeld, S.80–81.
（16）Probszt, S.8；Stromer, Hochfinanz, S.101 Anm.28e.
（17）Stromer, Unternehmer, S.361–363.
（18）Stromer, Hochfinanz, S.103f. 都市戦争については、拙稿「シュヴァーベン都市同盟について」（瀬原『歴史的展開』所収）を参照。
（19）Ibid., S.104；Pfeiffer, S.93.
（20）Stromer, Hochfinanz, S.104f.
（21）Chronik d. deut. Städte, Bd.1（Nürnberg 1）, S.83. 31：87, 12：91, 16；Stromer, Hochfinanz, S.105；Ammann, S.166.
（22）Stromer, Hochfinanz, S.114.
（23）ウィッスラ河によって、ハンザ領域、そしてフランドルへ送られたのは主として銅であったが、その量はボヘミアのイグラウIglau、クッテンベルクのそれを、はるかに凌いでいたという。Ibid., S. 120.
（24）Ibid., S.117f.
（25）Ibid., S.126.
（26）Ibid., S.126–129.
（27）Ibid., S.134.
（28）Ibid., S.125. ザクセンのフライベルク銀山では、一三九〇年に精錬に鉛が使用されたという記録がある。Der Freiberger Bergbau. Technische Denkmale und Geschichte, Leipzig 1986, S.77.
（29）拙稿「中世末期・近世初頭のドイツ鉱山業と領邦国家」（『立命館文学』五八五号、二〇〇四年）五七頁以下。
（30）Stromer, Hochfinanz, S.143–146；Ders., Unternehmer, S.362f.
（31）Stromer, Unternehmer, S.363. 面白いことに、一三九九年、財務担当官として、フィレンツェ出身最後の人として、Philippo de Scolaribus が出て来ている。彼はその後ジギスムント王の将軍に出世している。
（32）Ibid., S.364f.
（33）K. Schwarz, Untersuchungen zur Geschichte der deutschen Bergleute im späteren Mittelalter, Berlin 1958, S.162；R. Klier,

Nürnberg und Kuttenberg, Mitteilungen d. Vereins f. Geschichte d. Stadt Nürnberg. 48/1958, S.51.

(34) A. Soetbeer, Edelmetall-produktion und Wertverhältniss zwischen Gold und Silber seit der Entdeckung Amerikas bis zur Gegenwart, Gotha 1879, S.24f. ただし、一五四五年代から、クッテンベルクは再び首位に返り咲いている。いま、一八世紀半ばまでのボヘミアの銀生産の統計をあげれば、表の如くである。Soetbeer, S.27.

(35) 本書二一三頁参照。なお、そのときザンクト・ガレンの商人 Zwikker から、銅九ツェントナー（四五〇 kg）が奪われている。Klier, S.62.

(36) Klier, S.51f.

(37) Ibid., S.63.

(38) Ibid., S.63f.

(39) Ibid., S.65.

1493―1740年　ボヘミアの銀(年平均)生産額(単位：重量マルク)

年代	Joachimstal	Kuttenberg	その他	ボヘミア全体
1493-1520	3,077	24,000	213	27,290
1521-1544	33,367	21,000	3,363	57,730
1545-1560	16,590	20,000	3,865	40,455
1561-1580	6,890	19,000	4,340	30,230
1581-1600	3,042	18,000	3,548	24,590
1601-1620	2,975	15,000	1,025	19,000
1621-1740	2,975	――	125	3,100

まとめ

以上、中世末期ニュルンベルクの手工業、国際商業の一端を垣間見たのであるが、それをまとめれば、次のようになろう。一三世紀末から始まった市内の手工業活動は急速に発達し、一四世紀初頭には多彩な様相を呈したが、なかでも目覚ましいのは金物業の発展であった。隣接するオーバーファルツの鉄生産から豊富な原料を得て、それを市内を流れるペーグニッツ河に設けられた水車によって鍛造し、武具から日常用具にいたる多種類の金物に加工する活動は、ニュルンベルクの躍動の基盤をなすものであった。この金物を携えて、ニュルンベルクの商人はまさしく全地をゆくことになる。

ニュルンベルク商業の行き着く先は、フランドルとイタリア、それもヴェネツィアであった。ハンザ同盟によって先鞭をつけられたフランドル毛織物地帯に強引に浸透を図り——その典型が一三五八年のフランドル経済封鎖破りの事件である——、その毛織物と金物をもって、ニュルンベルクはヴェネツィアへ乗り出していく。それと並行して、ミラノ、ジェノヴァ、そして東ヨーロッパへも進出を果たしていくが、とくに東ヨーロッパでは、折から全盛期に達しつつあったハンガリーの金・銀鉱山活動に介入することになる。それまで同地の鉱山経営の指導権をにぎっていたヴェネツィア、フィレンツェ人を追い払い、金物業で培われた冶金の知識を生かして、ニュルンベルク人はハンガリーのグルデン金貨の鋳造に独占的役割を果たし、またヴェネツィア、フィレンツェへの金の輸出を仲介したのである。銀精錬の新しい技術、ザイゲル精錬法が発見されると、いち早く市内各所に精錬所を設け、銅を含有するハンガリー、ボヘミアの銀の精錬を引き受け、そこから得られた銅によって市内の金物生産をますます増進した。

こうしてニュルンベルクは、都市全体として多彩な工業生産を実現しただけでなく、当時としては想像もつかないほどの広範囲な国際貿易を展開したのである。これに匹敵するのは一六世紀前半のフッガー家を始めとするアウクスブルク豪商たちの活躍であろうが、アウクスブルクの場合、一握りの資本の活動が中心であって、市民の商工業活動は、バルヘント織物業を除いて、さほど活発であったとはいえない。そこにニュルンベルクの独自性があり、宗教改革期にあたって、諸都市の動きの指導権をにぎったのもそこに根拠があるようにおもわれる。

さらに驚くべきことは、ニュルンベルクがフランクフルト大市を訪れる遠隔地の商人に商旅の安全を保障していることである。いま、その例を表示すれば、次頁の表4の如くである(1)。これは、単独保障だけでなく、連帯保障をも含むものであろうが、それにしても、ニュルンベルクが国家権力に準ずる絶大な権威をもっていたことを如実に物語るものではなかろうか。

しかし、ニュルンベルクの国際商業の展開にあたっては、皇帝、国王たちの支持に負うところが多く、またそれに対してニュルンベルク市民は、処々において述べたように、彼らに財政支援をおこない、また財務官吏として支

表4　ニュルンベルクによるフランクフルト大市来訪商人に対する商路安全保障
1475—1513

フランケン・オーバファルツ
- Amberg 1485
- Bamberg 1490
- Eichstätt 1483
- Nabburg 1485
- Neumarkt 1498
- Schwabach 1489, 1491, 1495
- Weißenburg 1504
- Wöhrd 1475ff.

オーバーシュヴァーベン
- Augsburg 1475以降連続
- Isny 1485/89, 1508
- Kaufbeuren 1507
- Konstanz（？）1498
- Memmingen 1475以降連続
- Ravensburg 1476ff.
- Schwäbisch Wörth 1475
- Ulm 1482ff.

バイエルン
- Landshut 1483ff.
- Passau 1483ff.
- Regensburg 1475
- Straubing 1483

オーストリア
- Bozen 1502
- Braunau 1482, 1486, 1487
- Graz 1476ff., 1482
- Linz 1489
- Rottenmann 1488
- Salzburg 1482, 1486, 1487
- Wien 1489, 1490, 1494

ボヘミア
- Brünn 1486
- Eger 1482
- Kolin 1487
- Neuhaus 1484/86, 1490, 1502
- Pilsen 1486
- Prag 1485, 1489
- Tachau 1482ff.
- Taus 1484

ハンガリー
- Ofen 1490, 1502

シュレージエン
- Breslau 1488

ポーランド
- Krakau 1489
- Posen 1482

スイス
- St. Gallen 1475, 1482

西方地域
- Herzogenbusch 1489
- Köln 1475ff., 1482
- Speyer 1482, 1483, 1486, 1487

イタリア
- Firenze 1484ff.

(数字は年代を表示)

配の一端を担ったのであった。ルートヴィーヒ・デア・バイエル、カール四世、ジギスムント諸皇帝の多難ながら、輝かしい治世は、ニュルンベルク市民の支えなくしては実現しなかったであろう。

（1）Ammann, S.44.

（『立命館文学』六二〇・六二一号掲載、二〇一〇・一一年）

あとがき

僕は旧制中学五年生の秋、つまり、太平洋戦争敗北の前年（一九四四年）、学業を放棄し、勤労動員にいかされることになった。派遣された先は、大阪・放出（はなてん）にあった大日本坩堝（るつぼ）株式会社であった。黒鉛と硝石と粘土を粉砕し、混ぜて水で練り、壷状にし、乾燥・灼熱過程をへて、出来上がった壷が金属溶解用の坩堝である。労働はきつかったが、このような経験は初めてであり、金属溶解の現場も見せてもらって、生産の意義について深い印象を与えられた。会社は翌年二月の夜間空襲で全焼した。もしこれが昼間の空襲であったら、この身はどうなっていたか、思い出すだけでもぞーっとするが、それはともかく、この工場が僕と金属溶解との最初の出会いであったのである。

大学文学部では西洋史専攻を選んだが、当時、学界ではマックス・ウェーバーの流れを汲む大塚久雄教授の「資本主義論」が全盛を極めていた。すなわち、イギリスの独立自営農民（ヨーマンリー）の営んだ、副業としての毛織物生産がやがて、本業となり、産業資本主義の発展の発端・基礎となったのに対し、それまでの貨幣蓄積は主として商業・高利貸を基盤としたものであり、そこからは資本主義的産業は発生してこないというのである。しかし、そうした資金も歴史的には無視できず、これらは前期資本と称されてきた。その典型が一六世紀、南ドイツ、アウクスブルク市を中心として栄えたフッガー家であり、この時代は「フッガー家の時代」とさえ称された。筆者はそれに注目し、同家の鉱山業経営がまだ十分に研究されていないのに着目して、卒業論文は『フッガー家と鉱山業』をテーマとして書いた。もとより杜撰な研究であったが、ゼトベーアの研究を利用したのが自慢の種であった。審査には、西洋史の先生方のほかに、日本鉱山史の権威、小葉田淳教授も当たられたが、先生はただうなるばかりであった。

しかし、この論文を書いてしばらくして、諸田実氏が「フッガー家の時代における鉱山業の繁栄とその特質」(同『ドイツ初期資本主義研究』有斐閣、一九六七年)というすばらしい研究を発表され、さらに同氏はすぐれたフッガー研究を次々と公にされ、こちらは唖然としてこれを見送るほかはなかった。最近になってようやく気を取りなおし、この間、集めた文献をぼちぼち読み直し、十年ほどまえに一試論を発表した。しかし、この論文も欠陥だらけの作品であり、今回、中世末期のドイツ鉱山業の概観を大幅に拡充し、また新大陸の銀生産の実情とヨーロッパへの奔流模様の叙述を付加することによって、どうやら自分として納得のいく作品となったようにおもう。そのさい再度取り寄せて参照したゼトベーアの研究のすばらしさ——一世紀半以前のものであるにもかかわらず——には、完全にうたれた。筆者の卒業論文が、とにもかくにも、こうした形で了(お)えることができたのも彼のおかげであり、彼をはじめとするドイツの研究者たちに深く感謝するものである。

なお、口絵として画家池田良則氏の、かすかに哀愁をたたえたメキシコ銀山「グァナファト」の「廃坑図」で巻頭を飾ることができたのは、望外の幸せであった。同氏のご厚意に対し深く感謝するものである。

また、数字と図表の羅列に終始したこのような書物の出版をあえて引き受けていただいた文理閣代表の黒川美富子さん、編集長山下信さん、そして社員の皆さんにも心からお礼を申し上げる。

二〇一五年一〇月二三日

京都・下鴨・萩ヶ垣内　瀬　原　義　生

著者紹介

瀬原義生（せはら・よしお）

1927年　鳥取県米子市に生まれる。

1951年　京都大学文学部史学科西洋史専攻卒業。

1956年　京都大学大学院（旧制）修了。

現　在　立命館大学名誉教授、元京都橘女子大学教授、文学博士。

主　著　『ドイツ中世農民史の研究』未来社、1988年。

『ヨーロッパ中世都市の起源』未来社、1993年。

『ドイツ中世都市の歴史的展開』未来社、1998年。

『スイス独立史研究』ミネルヴァ書房、2009年。

『ドイツ中世後期の歴史像』文理閣、2011年。

『ドイツ中世前期の歴史像』文理閣、2012年。

『皇帝カール五世とその時代』文理閣、2013年。

『精説スイス史』文理閣、2015年。

主訳書　M. ベンジンク／S. ホイヤー『ドイツ農民戦争―1524～26』未来社、1969年。
E. ヴェルナー『中世の国家と教会』未来社、1991年。
M. モラ／Ph. ヴォルフ『ヨーロッパ中世末期の民衆運動』ミネルヴァ書房、1996年。
R. H. ヒルトン『中世封建都市―英仏比較論』刀水書房、2000年。
C. V. ウェッジウッド『ドイツ三十年戦争』刀水書房、2003年。
K. ヨルダン『ザクセン大公ハインリヒ獅子公』ミネルヴァ書房、2004年。
C. V. ウェッジウッド『オラニエ公ウィレム』文理閣、2008年。
アンドリュー・ウィートクロフツ『ハプスブルク家の皇帝たち―帝国の体現者』文理閣、2009年。

デレック・マッケイ『プリンツ・オイゲン・フォン・サヴォア―興隆期ハプスブルク帝国を支えた男』文理閣、2010年。
C. V. ウェッジウッド『イギリス・ピューリタン革命―王の戦争―』文理閣、2015年。

中・近世ドイツ鉱山業と新大陸銀

2016年1月15日　第1刷発行

著　者　瀬原義生
発行者　黒川美富子
発行所　図書出版　文理閣
京都市下京区七条河原町西南角〒600-8146
電話(075)351-7553　FAX(075)351-7560
http://www.bunrikaku.com

ISBN978-4-89259-779-4